神奇的飞船

——地球，永远的母亲

◎ 范子倩　王佳易 编著

哈爾濱工業大學出版社
HARBIN INSTITUTE OF TECHNOLOGY PRESS

图书在版编目（CIP）数据

地球，永远的母亲 / 范子倩，王佳易编著. -- 哈尔滨：哈尔滨工业大学出版社，2014.6
（神奇的飞船）
ISBN 978-7-5603-4217-7

Ⅰ.①地… Ⅱ.①范…②王… Ⅲ.①地球–少儿读物 Ⅳ.①P183-49

中国版本图书馆CIP数据核字（2013）第196667号

本书由黑龙江省精品工程专项资金资助出版

神奇的飞船——地球，永远的母亲

策 划 编 辑	甄淼淼
责 任 编 辑	范业婷　张鸿岩
装 帧 设 计	刘长友
出 版 发 行	哈尔滨工业大学出版社
地　　　址	哈尔滨市南岗区复华四道街10号
邮　　　编	150006
网　　　址	http://hitpress.hit.edu.cn
传　　　真	0451-86414749
印　　　刷	哈尔滨市工大节能印刷厂
开　　　本	889mm×1194mm　1/24
印　　　张	9.75
字　　　数	175千字
版　　　次	2014年6月第1版
印　　　次	2014年6月第1次印刷
书　　　号	ISBN 978-7-5603-4217-7
印　　　数	1～2000册
定　　　价	88.00元（共十册）

内容简介

地球是生命之源，是人类的母亲，没有地球，就没有我们。本书将带领小朋友们认识地球、了解地球，在增长见识的同时，激发小朋友们的求知欲望，从小培养他们的环保意识，做一名合格的地球人。

本书内容有趣、语言通俗，既适合学龄前儿童与家长亲子共读，又适合7~12岁儿童自我阅读。

目录　CONTENTS

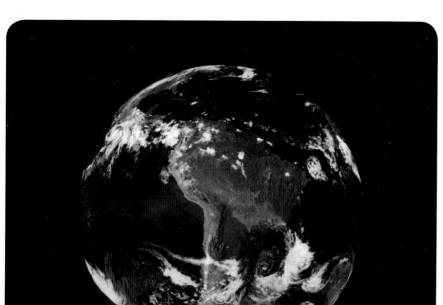

乘坐神奇飞船在宇宙中经过了漫长的航行，虽然见识了各种神奇的宇宙奇观，但多多还是想家了。

"我好想家，好想各种各样的动物、植物，好想我们的地球啊！"多多感慨地说。

"哈哈，当初是谁闹着说对地球太熟悉太没有意思，要进行宇宙探险的？多多啊，别看你生活在地球上，但是你根本就不了解地球！"Q博士若有所思地球。

"地球是我的家，我怎么可能不了解我的家呢？现在我只是想家而已。"多多很不服气地说。

"哦！那我们倒要看看你有多了解地球。给我们说说你了解的地球是什么样子的吧。"Q博士有心考一考多多。

多多的地球常识

1.地球是已知的唯一存在生命的星球。地球上有各种各样的动物、植物、微生物等。

2.地球的形状：大致为球状，而且是一个实心的球体。

3.地球的表面：地球表面由陆地和海洋组成，其中陆地面积不足30%，海洋面积超过70%。

4.地球是太阳系八大行星之一，地球在围绕太阳转动。

5.月亮在绕地球转动，是地球的卫星。

6.地球上有不同的气候和季节变化。

"哎呀！看来多多知道的不少嘛，不过这些都只是常识，地球人都知道。离真正了解地球差得远呢！"Q博士笑呵呵地说道。

"不可能！这些知识我们同学都不知道的。"多多自信地说。

"不服气？下面就带你去见识见识地球的奥妙。"

地球的结构

要了解地球，首先从了解地球的结构开始。

地球可以看作由一系列的同心圆组成的，大体可以分为大气层、地壳、地幔和地核。

在地球引力的作用下，有一层很厚的气体包裹着地球，这一层气体就是大气层。大气层的主要成

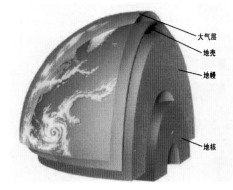

大气层
地壳
地幔
地核

地球结构

分是氮气和氧气。距离地球表面越高的地方，空气越稀薄。根据距离地球表面的高度以及表现出的不同特点，大气层还可以分为对流层、平流层、中间层、暖层以及电离层。

◆对流层紧贴地球表面，受地球影响较大，空气流动非常明显，雨、雪、雾等自然现象都发生在这一层内，人类的主要活动也集中在这一层。

◆平流层位于对流层的上方，因空气流动比较平稳而得名。

◆中间层位于平流层的上方，空气稀薄且垂直对流强烈。

◆暖层又叫热层，位于中间层上方，因受太阳照射时温度升高而得名。极光现象就出现在这一层。

◆电离层位于大气层的最外层，与人类的无线电通信、广播等密切相关。

地壳是地球的固体外壳，是由岩石组成的。地壳的厚度不一，有的地方比较厚，有的地方比较薄。青藏高原是地球上地壳最厚的地方，太平洋马里亚纳大海沟是地球上地壳最薄的地方。

地幔是地球内部体积最大、质量最大的部分。地幔又分为上地幔和下地幔两层。上地幔是液态的，所以又叫软流层；下地幔是固态的。

地核是地球的核心部分，位于地球的最内部。地核与地幔相似，分为外地核和内地核两部分，外地核是液态的，内地核是固态的。

地表分布

地球并不像足球一样是一个规则的圆球，更像是一个长像怪异的梨。 地球表面也并不平整，而是高低起伏。只是由于地球半径超过6千千米，地球表面各点对应的半径之间的差距相对可以忽略不计，所以将地球近似当作规则球体对待，例如地球仪。

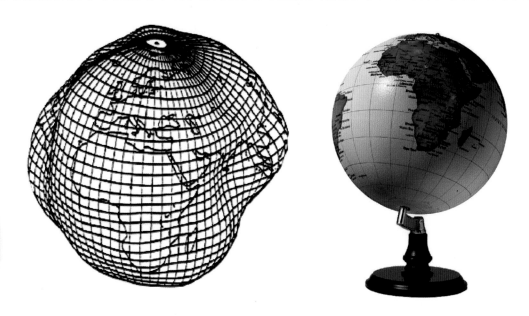

　　地球表面由陆地和海洋覆盖着，其中陆地面积不足30%，海洋面积超过70%。

　　地球表面所有没有被海水淹没的地方，都叫陆地。全球陆地分为七个大洲：亚洲、欧洲、大洋洲、北美洲、南美洲、非洲和南极洲。其中，亚洲的面积最大，占整个陆地面积的1/3左右；大洋洲面积最小。我们国家就位于亚洲。陆地包括大陆、半岛和岛屿。大陆是指广阔的陆地；岛屿是散布在海洋、河流或湖泊中的小块陆地；半岛是伸入海洋或湖泊，一面同陆地相连，其余面被水包围的陆地。

岛屿

半岛

海洋指地球上广阔连续的水域，包括洋、海和海峡。地球上有四大洋：太平洋、印度洋、北冰洋和大西洋，其中太平洋最大，占整个海洋面积的一半左右。

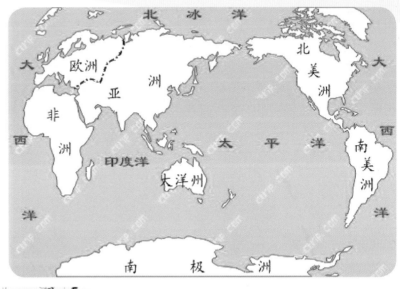

洋是海洋的主体部分，海是海洋的边缘部分。海又分为边缘海、内海和陆间海。濒临大陆，以半岛或岛屿与大洋分开的海，叫边缘海，如我国黄海、东海、南海等。伸入大陆内部，仅有狭窄水道与大洋或边缘海相通的海叫内海，如我国渤海。位于两个大陆之间的海，叫陆间海，如著名的地中海。

渤海

海峡是两块陆地之间连接两个海或者洋的狭长的水道，例如连接太平洋和印度洋的马六甲海峡。

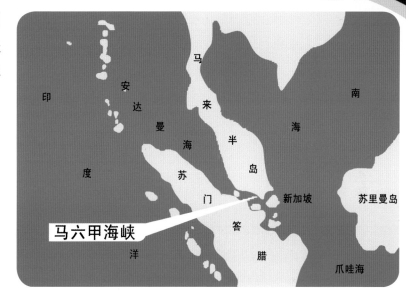

印
度
洋

安
达
曼
海

苏
门
答
腊

马
来
半
岛

南
海

新加坡

苏里曼岛

爪哇海

马六甲海峡

地形地貌

平原

地球表面高低起伏、形态各样。按不同形态，陆地可分为平原、山地、高原、丘陵、盆地、河流、湖泊和沙漠等。

◆平原是地势平坦、幅员辽阔的地带。平原占地球陆地总面积的1/3左右。世界上最大的平原是南美洲的亚马逊平原。在我国有四大平原：东北平原、华北平原、长江中下游平原和关中平原。

◆山地是起伏较大、地势陡峭、众多山脉所在的地域，比如我国的喜马拉雅山，其中珠穆朗玛峰海拔8 844多米，是世界最高峰。

喜马拉雅山

◆高原指地势高、起伏小、面积广阔、有一定陡峭边界的地域。我国的主要高原有：黄土高原、内蒙古高原、青藏高原和云贵高原，其中青藏高原是世界上海拔最高的高原。

丘陵

◆丘陵是由一系列坡度较缓、连绵起伏的低矮山丘组成的地形。在我国，丘陵面积超过国土总面积的1/10。

青藏高原

盆地

◆盆地就是指四周高、中间低、类似于盆状的地形，在我国有非常著名的四川盆地、塔里木盆地等。

◆河流是地球表面上，经常或间歇地沿着狭长的水道流动的水流。在我国，有很多种河流，较大的称为江、河，如长江、黄河；较小的称为溪、沟等。

◆湖泊是指陆地表面，由于低洼积水形成的水域。中国有很多湖泊，如鄱阳湖、洞庭湖、太湖等。

◆沙漠是指地面被沙子覆盖，植物稀少、气候干燥的广阔区域。中国是沙漠比较多的国家之一，沙漠的总面积约130万平方千米，占全国土地面积的13%左右。世界上最大的沙漠是非洲北部的撒哈拉大沙漠。

河流

湖泊

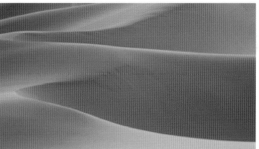

沙漠

海洋底部也有很多类似于陆地的地貌，比如海岭、海沟、海底高原等，海底地势起伏甚至超过陆地。

昼夜更替与季节变换

地球面向太阳的一面被太阳光照射，处于白天；背向太阳的一面无法被太阳光照射，处于黑夜。地球绕自身的中心轴做自西向东的旋转运动，叫作地球的自转。地球自转使得地球表面的不同部位轮流接受太阳光的照射，因此产生了昼夜更替。昼夜更替使地球表面的温度不至太高或太低，适合人类生存。而且，由于地球自西向东旋转，所以我们总是看到太阳从东边升起，从西边落下。

地球自转一周的时间约为23小时56分。

多多提问

地球自转产生了黑夜和白天的更替，可是为什么一天是24小时，而地球自转一周却不到24小时呢？

这是因为地球自转的同时也在绕太阳公转，地球的公转同样影响太阳光对地球的照射，对昼夜更替略有影响。

地球绕太阳的旋转运动,叫作公转。地球公转的路线并不是一个圆，而是椭圆，因此离太阳的距离有时近有时远。每年1月4日,地球运行到离太阳最近的位置,这个位置称为近日点;6月22日,地球运行到距离太阳最远的位置,这个位置称为远日点。在近日点时公转速度较快，在远日点时较慢。地球公转的方向

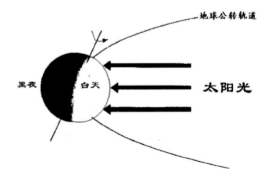

地球公转轨道

黑夜 白天

太阳光

也是自西向东，公转一周所需的时间为一年，约365.25天。

地球自转的自转轴与地球公转的椭圆形路线并不垂直，使得南北半球得到的太阳光照不相等，由此产生了季节的不同。南半球和北半球的季节总是相反的，当南半球处于冬季时，北半球处于夏季；当南半球处于夏季时，北半球处于冬季。随着地球的公转，太阳光在地球表面的垂直照射点从南到北、从北到南变换，造成了季节的更替变换。

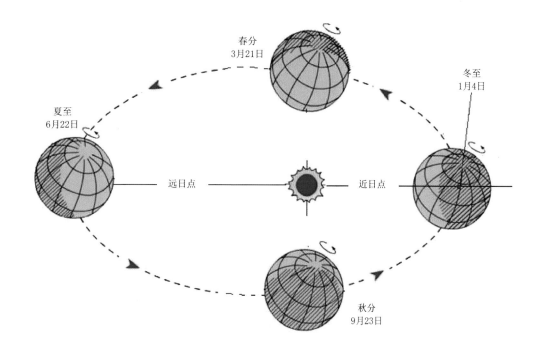

孕育生命的地球

地球是至今为止发现的唯一存在生命的星球，为什么地球如此独特，能够孕育并维持如此多的生命呢？

要回答这个问题，首先要知道，生命存在的条件有哪些？

贝贝猜想

人需要呼吸，所以需要空气；我们每天都要喝水吃饭，所以需要水和食物。

回答正确，但是只有这些我们还是没法生存。比如，给你空气、水和食物，你能在零下200 ℃的地方生活吗？早就被冻死了。同样，没有光，植物就无法进行光合作用，也就无法生长，从而无法为我们提供食物。所以我们还需要一定的光和热。

地球不止为我们提供了空气、水、食物、光和热这些最基本的生存条件，只有这些，人类是不可能发展到如今这种程度的。地球为人类发展提供了非常重要的能源：煤、石油、天然气等，如今我们生活的方方面面都离不开它们，比如

火电厂

煤燃烧发电，让我们能使用各种电器；石油经过加工变成汽油，能让汽车、轮船等飞驰；天然气能用来取暖或者烧饭等。

汽车加油站

天然气灶

生气的地球

虽然大多数时候，地球都是任劳任怨、默默无闻的，但有时候她也会生气甚至愤怒，每当这个时候她就会把积攒的怒气通过惊天动地的方式发泄出来，产生可怕的破坏。

地震是最常见的一种地球发泄愤怒的方式，是地壳快速释放能量引起的震动。可以用震级来衡量地震释放能量的大小，级数越大，释放的能量越大，破坏性越强。有些地震规模非常小，人们甚至察觉不到；还有一些地震能够让人们有所感觉，但并没有什么破坏性，这种地震几乎每天都在发生；还有一些地震，规模达到一定程度，会对建筑物等造成不同程度的损害，成为破坏性地震。唐山大地震就是我国历史上一次

唐山大地震

破坏性极强的地震。1976年7月28日，我国河北省唐山市发生7.8级大地震，造成几十万人死亡或者伤残，直接财产损失超过30亿元。

火山喷发也是一种地球表达愤怒的方式，是地壳运动的一种表现形式，是地球内部热能的一种强烈释放。火山喷发时，岩浆等喷射物短时间内从火山口释放出来。除了岩浆之外，火山喷发时还喷出大量火山灰和火山气体，能对气候造成极大的影响。

海啸是一种灾难式的海浪，通常由海洋地震、海底火山喷发、海底滑坡或气象变化等引发。呼啸的海浪破坏性极大，可以冲毁堤岸、淹没陆地，严重威胁人类的生命财产安全。

生病的地球

随着人类社会的不断发展，工业化程度的不断提高，人们对地球资源的持续无限度攫取，对生态系统肆无忌惮地破坏，以及各种废气、废水、废物的无限制排放，地球已不堪重负，雾霾、酸雨、水土流失、沙漠化、沙尘暴等病症接踵而来。我们的地球病了，而且病得不轻。

病症一：雾霾

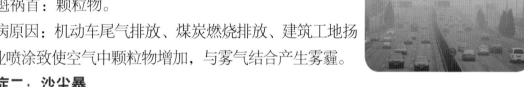

罪魁祸首：颗粒物。

致病原因：机动车尾气排放、煤炭燃烧排放、建筑工地扬尘、工业喷涂致使空气中颗粒物增加，与雾气结合产生雾霾。

病症二：沙尘暴

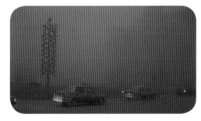

罪魁祸首：沙尘。

致病原因：土地过度开垦，草原过度放牧，植被人为破坏，造成大量裸露、疏松的土地，有大风经过时，沙土被卷入空中，形成沙尘暴。

病症三：土地沙漠化

罪魁祸首：干旱、土地过度使用。致病原因：过度开垦、过度放牧、乱砍滥伐和水资源不合理利用等破坏了生态平衡，使土地严重退化，森林被毁，气候逐渐干燥，最终形成沙漠。

由此可见，资源的过度攫取、环境的严重污染破坏了生态平衡，给我们的地球带来了巨大的伤害，是导致众多自然灾害出现的罪魁祸首。

环境污染

环境污染是指人类直接或间接地向环境中排放超过地球自我修复能力的污染物质，导致环境质量变差，对生态系统以及人类的生存和发展产生负面影响。

环境污染包括大气污染、水污染以及土壤污染。

大气污染主要来源于工业生产中排放的废气、汽车等交通工具排放的尾气、生活中燃烧煤炭产生的烟尘和有害气体以及农业生产中使用农药产生的雾滴等。

大气污染的危害非常严重，污染气体可能使人中毒、病变（例如化工企业有毒气体泄漏直接导致人体中毒）；导致酸雨的产生，使植被和动物大量死亡；还会产生温室效应、破坏臭氧层等。

知识连接：温室效应

温室效应是地面通过太阳辐射变暖后对外的热量辐射被大气中的二氧化碳等物质

所吸收，从而使大气变暖。温室效应导致全球气候变暖、冰川融化海平面上升、土地沙漠化等。

知识连接：臭氧层

臭氧层位于距地面20～30千米的上空臭氧浓度较高的部分，能够保护地球上的人类和动植物免遭太阳紫外线辐射的伤害。

水污染是指有害物质造成水的使用价值的降低或丧失。水污染主要来源于工业废水、生活污水、农田污水排放，以及工业废弃物和生活垃圾对水体的污染等。水污染会导致水生物死亡，污染饮用水，危

工业废水排放

生活垃圾污染水体

害人类生命健康。

污染导致鱼类死亡

土壤污染主要来源于污水排放、废气、化肥和农药污染、工业废物和生活垃圾污染。土壤污染会导致农作物变异或减产、污染地下水、通过农作物危害人类身体健康。

废水污染土壤   生活垃圾污染土壤

知识链接：全球十大环境污染事件

1. 马斯河谷烟雾事件

1930年12月1日到5日的几天里，比利时马斯河谷工业区13个大烟囱排出的烟尘无法扩散，大量有害气体积累，对人体造成严重伤害。一周内有60多人丧生，许多牲畜死亡。

2. 洛杉矶光化学烟雾事件

1943年夏季，美国洛杉矶市，汽车尾气在太阳紫外光线照射下引起化学反应，形成浅蓝色烟雾，使大量市民患了眼红、头疼病。

3. 多诺拉烟雾事件

1948年10月26日清晨，美国宾夕法尼亚州多诺拉城大雾弥漫，工厂排出的有害气体扩散不出去，使全城14 000人中6 000人眼痛、喉咙痛、头痛胸闷、呕吐、腹泻，17人死亡。

4. 伦敦烟雾事件

1952年，伦敦发生过12次大的烟雾事件，祸首是燃煤排放的粉尘和二氧化硫。烟雾逼迫所有飞机停飞，汽车白天开灯行驶，行人走路都困难，烟雾事件使呼吸疾病患者猛增。1952年12月那一次，5天内有4 000多人死亡，两个月内又有8 000多人死去。

5. 水俣病事件

1953～1956年，日本熊本县水俣镇一家氮肥公司排放的废水中含有汞，这些汞在海水、底泥和鱼类中富集，又经过食物链使人中毒。到1991年，日本环境厅公布的中毒病人仍有2 248人，其中1 004人死亡。

6. 骨痛病事件

1955～1972年，日本富山县的一些铅锌矿在采矿和冶炼中排放废水，废水在河流中积累了重金属"镉"。废水污染河水，使人得"骨痛病"。病人骨骼严重畸形、剧痛。

7. 日本米糠油事件

1968年日本九州岛一带有13 000人吃了含有多氯联苯的米糠油而遭难，使整个西日本陷入恐慌中。

8. 印度博帕尔事件

1984年12月3日，美国联合碳化公司在印度博帕尔市的农药厂发生爆炸，45吨毒气形成一股浓密的烟雾袭击了博帕尔市区。死亡近两万人，5万人失明，数千头牲畜被毒死。

9. 切尔诺贝利核泄漏事件

1986年4月26日，位于乌克兰基辅市郊的切尔诺贝利核电站，反应堆爆炸起火，致使大量放射性物质泄漏。西欧各国及世界大部分地区都测到了核电站泄漏出的放射性物质。31人死亡，237人受到严重放射性伤害，还有3万人可能因此患上癌症。距电站7千米内的树木全部死亡，此后半个世纪内，10千米内不能耕作放牧，100千米内不能生产牛奶……这次核污染飘尘给邻国也带来严重灾难。这是世界上最严重的一次核污染。

10.剧毒物污染莱茵河事件

1986年11月1日，瑞士巴塞尔市桑多兹化工厂仓库失火，近30吨剧毒的硫化物、磷化物与含有汞的化工产品随灭火剂和水流入莱茵河。60多万条鱼被毒死，500千米以内河岸两侧的井水不能饮用，靠近河边的自来水厂关闭，啤酒厂停产。有毒物沉积在河底，将使莱茵河因此而"死亡"20年。

保护地球

地球是我们唯一的家园，正一点点变得千疮百孔，再不注意保护地球，人类将失去赖以生存的环境。

1970年4月22日，美国人意识到环境污染的巨大危害，自发掀起了一场声势浩大的环境保护运动。全美国共计2 000多万人走上街头，举行游行、集会和演讲，呼吁政府采取措施保护环境。从此，美国民间组织提议把4月22日定为"地球日"，并得到了世界上许多国家的积极响应。

1990年4月22日，全世界100多个国家举行了各种各样的环境保护宣传活动，"地球日"成为"世界地球日"。

保护地球，从小事做起

随时关上水龙头，别让水白流，节约用水。

慎用清洁剂，尽量用肥皂，减少水污染。

使用节能灯，随手关灯，少用电器，省一度电，少一份污染。

少用空调，减少臭氧层被破坏。

多乘坐公共交通工具或者多骑自行车，减少汽车尾气排放。

少用一次性筷子，别让森林变木屑。

注意垃圾分类，举手之劳战胜垃圾公害。

拒食野生动物，拒用野生动植物制品，别让濒危生命死在你手中。

多植树种草，美化环境。

购买环保产品，支持环保事业。

神奇的飞船

——漫游天河

◎ 范子倩　王佳易 编著

哈尔滨工业大学出版社
HARBIN INSTITUTE OF TECHNOLOGY PRESS

图书在版编目（CIP）数据

漫游天河/范子倩，王佳易编著. -- 哈尔滨：哈尔滨工业大学出版社，
2014.6
（神奇的飞船）
ISBN 978-7-5603-4217-7

Ⅰ.①漫… Ⅱ.①范… ②王… Ⅲ.①宇宙-少儿读物 Ⅳ.①P159-49

中国版本图书馆CIP数据核字（2013）第198211号

本书由黑龙江省精品工程专项资金资助出版

神奇的飞船——漫游天河

策 划 编 辑	甄淼淼
责 任 编 辑	范业婷　张鸿岩
装 帧 设 计	刘长友
出 版 发 行	哈尔滨工业大学出版社
地 址	哈尔滨市南岗区复华四道街10号
邮 编	150006
网 址	http://hitpress.hit.edu.cn
传 真	0451-86414749
印 刷	哈尔滨市工大节能印刷厂
开 本	889mm×1194mm　1/24
印 张	9.75
字 数	175千字
版 次	2014年6月第1版
印 次	2014年6月第1次印刷
书 号	ISBN 978-7-5603-4217-7
印 数	1～2000册
定 价	88.00元（共十册）

内容简介

自古以来，气势磅礴的银河就是人们十分注意观察和研究的对象。古人不知道银河是什么，把银河想象成天上的河流。本书将带领小朋友们"畅游天河"，在帮助他们增长见识的同时，激发他们的求知欲望，从小培养他们对待事物的科学态度，树立远大的人生目标。

本书内容有趣、语言通俗，既适合学龄前儿童与家长亲子共读，又适合7~12岁儿童自我阅读。

目录　CONTENTS

"飞流直下三千尺，疑是银河落九天。"多多兴致勃勃地背诵着老师新教的古诗。

"多多，你知道银河是什么吗？"Q博士在一旁问道。

"当然知道，就是天上的河。"多多胸有成竹地答道。

"哈哈，作为神奇飞船上的一员，你的回答可不能让人满意哦！"Q博士大笑着说。

"银河又叫天河，是银河系的一部分，因在地球上观察到其投影的亮带而得名。由于恒星发出的光离我们很远，数量又多，又与星际尘埃气体混合在一起，因此看起来就像一条烟雾笼罩着的光带，十分美丽。"

Q博士课堂

银河系是太阳系所在的恒星系统，银河系中大约有两千亿颗星体，包括一千二百亿颗恒星和大量的星团、星云，还有各种类型的星际气体和星际尘埃。它的直径约为十万多光年，中心厚度约为一万两千光年，总质量大约是太阳质量的一千四百亿倍。

在银河系中，大多数恒星集中在一个好像铁饼似的扁球状空间范围内。这个扁球状空间中心突出的部分叫"核球"，核球的中心叫"银核"，四周叫"银盘"。在银盘外面有一个更大的球形，称为"银晕"。

银河系核心部分，即银心或银核，是一个很特别的地方。它发出很强的射电、红外、X射线和γ射线辐射。那里可能存在一个巨型黑洞，据估计其质量可能达到太阳质量的250万倍。

银河系的形状

银河系物质的主要部分组成一个薄薄的圆盘，叫作银盘，银盘中心隆起的近似于球形的部分叫核球。在核球区域恒星高度密集，其中心有一个很小的致密区，叫银核。银盘外面是一个范围更大、近似球状分布的系统，其中物质密度比银盘中低得多，叫作银晕。银晕外面还有银冕，它的物质分布大致也呈球形。

从20世纪80年代观测到银河旋臂结构开始，天文学家们怀疑银河是一个棒旋星系，而不是一个普通的螺旋星系。2005年，斯必泽空间望远镜证实了这项怀疑，还确认了在银河的核心的棒状结构比预期的还大。银河的盘面直径估计为九万八千光年，太阳至银河中心的距离大约是两万八千光年。

银盘

银心

银晕

观测银河系

这时候Q博士架起了他的宝贝高倍望远镜，招呼大家来看看。

今天天气晴朗，天空能见度很高，是观测的好时机。贝贝往望远镜里一望，哇，绚丽的星空立刻栩栩如生地铺在眼前，这美丽的宇宙，总是让人看不够啊！

Q博士在一旁指引着："看见太阳了吗？它在猎户臂靠近内侧边缘的位置上，偏离银河中心大约86°。"

多多津津有味地看着，把望远镜扭过来扭过去，恨不得把整个银河系都尽收眼底才好。

"银河系在天空上的投影像一条流淌在天上闪闪发光的河流一样，所以古称银河或天河，一年四季都可以看到银河，只不过夏秋之交看到了银河最明亮壮观的部分。"

"银河经过的主要星座有：天鹅座、天鹰座、狐狸座、天箭座、蛇夫座、盾牌座、人马座、天蝎座、天坛府、矩尺座、豺狼座、南三角座、圆规座、苍蝇座、南十字座、船帆座、船尾座、麒麟座、猎户座、金牛座、双子座、御夫座、英仙座、仙后座和蝎虎座。银河在天空中明暗不一，宽窄不等。"

"人类从很早以前就有了对银河的观测和记录。"Q博士继续说着。

银河系的研究历史

探索

虽然从非常久远的古代，人们就认识了银河系。但是对银河系的真正认识还是从近代开始的。1750年，英国天文学家赖特认为银河系是扁平的。1755年，德国哲学家康德提出了恒星和银河之间可能会组成一个巨大的天体系统；随后的德国数学家郎伯特也提出了类似的假设。到1785年，英国天文学家威廉·赫歇耳绘出了银河系的扁平形体，并认为太阳系位于银河的中心。1918年，美国天文学家沙普利经过4年的观测，提出太阳系应该位于银河系的边缘。1926年，瑞典天文学家林得布拉德分析出银河系也在自转。

F.W.赫歇耳

研究

18世纪中叶人们已意识到，除行星、月球等太阳系天体外，满天星斗都是远方的"太阳"。像太阳一样的恒星在银河系里是数不胜数的！

F.W.赫歇耳用自己磨制的反射望远镜，计数了若干天区内的恒星。1785年，他根据恒星计数的统计研究，绘制了一幅扁而平、太阳居其中心的银河系结构图。F.W.赫歇耳去世后，其子J.F.赫歇耳继承父业，将恒星计数工作范围扩展到南半天。19世纪中

叶，开始测定恒星的距离，并编制全天星图。

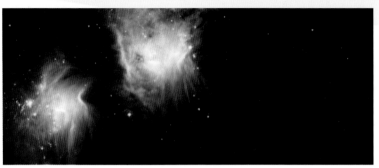

银河系中的球状星团

1906年，卡普坦为了重新研究恒星世界的结构，提出了"选择星区"计划，后人称为"卡普坦选区"。他于1922年得出与F.W.赫歇耳类似的模型，也是一个扁平系统，太阳居中，中心的恒星密集，边缘稀疏。

沙普利于1918年建立了银河系透镜形模型，太阳不在中心。后来，沙普利模型得到了天文界公认。但是，沙普利把银河系估计过大。到1930年，特朗普勒证实星际物质存在后，这一偏差才得到纠正。

1905年，赫茨普龙发现恒星有巨星和矮星之分。

1913年，赫罗图问世后，按照光谱型和光度两个参量，得知除主序星外，还有超巨星、巨星、亚巨星、亚矮星和白矮星五个分支。

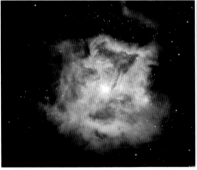

亮星云

暗星云

6

1944年，巴德通过观测仙女星系，判明恒星可划分为 星族Ⅰ和星族Ⅱ两种不同的星族。迄今已观测到球状星团132个，银河星团1 000多个。据统计推论，应当有18 000个银河星团和500个球状星团。20世纪初，巴纳德通过观测，发现了大量的亮星云和暗星云。

"牛郎织女鹊桥相会的鹊桥就是架在银河上吧？牛郎星和织女星在哪里呢？"正在用望远镜观测银河的多多回头问道。

Q博士课堂

牛郎星和织女星是两颗像太阳那样的恒星，它们也是能够自己发光发热的。牛郎星正式的中国名称是河鼓二，它和其他几颗星合成一个星座，叫天鹰座。织女星正式的中国名称是织女一，它和其他几颗星合成一个星座，叫天琴座。

牛郎星和织女星离地球很远，牛郎星距离地球16光年，织女星距离地球27光年。它们之间的距离也十分遥远，是16光年，也就是说，走得最快的光和电，从牛郎星到织女星也得一刻不停地跑16年，更不要说其他交通工具了。假定这两颗星上真的住着牛郎和织女的话，他们想打个电话或者通个电报互相问好，这个长途电话单程就得16年！另外，牛郎星的表面温度达到8 000℃，而织女星还要高，达到11 000℃。论个儿大小，也是织女星比牛郎星大，织女星的直径是太阳的3倍，而牛郎星的直径是太阳的1.6倍。

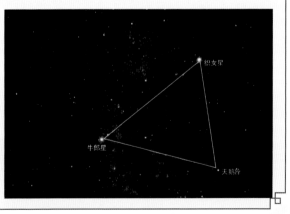

"银河是静止不动的吗？"多多继续发问。

Q博士课堂

天文学家发现，地球所在的银河系运转的速度很快。 天文学家利用在夏威夷、加勒比海地区和美国东北部的天文望远镜观察得出结论，银河系正以每小时90万公里的速度转动。

而且，目前的观测认为仙女座星系正以每秒300公里的速度朝向银河系运动，在30亿~40亿年后可能会撞上银河系。但即使真的发生碰撞，太阳以及其他的恒星也不会互相碰撞，但是这两个星系可能会花上数十亿年的时间合并成椭圆星系。

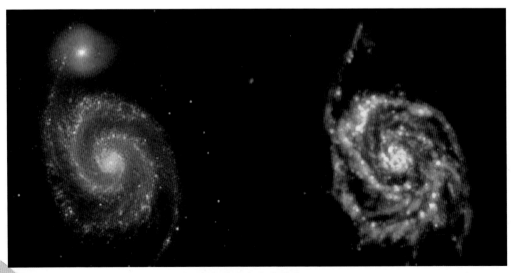

银河系和仙女座星系

河外星系 ○————

这时候爱思考的多多又问道："博士，银河系的外面，又是什么？"

"与银河系相对的是河外星系。"Q博士看大家这么感兴趣，索性今天再多给大家讲一点这方面的知识吧。

Q博士课堂

河外星系，简称为星系，是位于银河系之外、由几十亿至几千亿颗恒星、星云和星际物质组成的天体系统。银河系也只是一个普通的星系。科学家们估计河外星系的总数在千亿个以上，它们如同辽阔海洋中星罗棋布的岛屿，故也被称为"宇宙岛"。

17世纪，人们陆续发现了一些朦胧的天体，于是称它们为"星云"。有的星云是气体的，有的被认为像银河系一样，是由许许多多恒星组成的宇宙岛，由于距离地球太远，根本分辨不清那些由大量恒星构成的朦胧天体。那么，它们有多远呢？是银河系内的，还是银河系外的呢？20世纪20年代，美国天文学家哈勃计算出星云的距离，终于肯定它是银河系以外的天体系统，称它们为"河外星系"。目前人类已经发现了超过100亿个河外星系。

宇宙中一个个蚕豆般大小的河外星系

仙女座星系就是位于仙女座的一个河外星系；河外星系与银河系一样，也是由大量的恒星、星团、星云和星际物质组成的。1518~1520年葡萄牙人麦哲伦环球航行到南半球，在南部天空肉眼发现了两个大的河外星系。命名为：大麦哲伦星云和小麦哲伦星云，它们是距银河系最近的河外星系，而且和银河系有物理联系，组成一个三重星系。

大、小麦哲伦星系

大麦哲伦星系，距离银河系16万光年；小麦哲伦星系，距离银河系19万光年。它们都是不规则星系，是银河系的附属星系，在南半球才能看到，肉眼可见。当年麦哲伦航海到南半球发现了它们，因而得名。

三角座星系

仙女座星系（M31）

仙女座星系是离我们所在的银河系较近的一个星系。她是一个典型的螺旋星系，但规模比银河系大。由于人类身处银河系，无法观测到银河系的全貌，但天文学家认为银河系也是一个类似于仙女座星系的螺旋星系。仙女座星系、银河系和其他30多个星系共同组成一个更

天空中的大麦哲伦星系和小麦哲伦星系

大的星系集团——本星系群。

　　仙女座星系在18世纪法国天文学家查尔斯·梅西耶的遥远模糊天体列表中排在第31位，故又称M31。它距离地球约200万光年，直径达16万光年（银河系为10万光年），质量不小于三千一百亿个太阳质量，含有2亿颗以上的恒星，是本星系群中最大的一个。

仙女星系

@博士课堂

星系、星团和星云

　　星系：在茫茫的宇宙海洋中，千姿百态的"岛屿"，星罗棋布，上面居住着无数颗恒星和各种天体，天文学上称为星系。我们居住的地球就在一个巨大的星系——银河系之中。在银河系之外的宇宙中，像银河系这样的太空巨岛还有很多很多，它们统称为河外星系。

　　星团：在银河系众多的恒星中，除了以单个的形式，或组成双星、聚星的形式出现外，也有一些星聚集在一起，星数超过10颗以上，彼此具有的一定联系称为星团。使这些恒星团结在一起的是引力。星团的成员多的可达几十万颗。它们又可以分成疏散星团和球状星团两类。银河系中遍布着星团，只是不同的地方星团的种类也不同。

　　星云：星云是一种由星际空间的气体和尘埃组成的云雾状天体。星云中的物质密度是非常低的。如果拿地球上的标准来衡量，有些地方几乎就是真空。但星云的体积非常庞大，往往方圆达几十光年。因此，一般星云比太阳还要重得多。星云的形状千姿百态。有的星云形状很不规则，呈弥漫状，没有明确的边界，叫弥漫星云；有的星云像一个圆盘，淡淡发光，很像一个大行星，所以称为行星状星云。

星团	星云

　　"可惜我们的神奇飞船还不够先进，只能在银河系中靠近地球的空间内旅行。"夸克船长感叹道。

　　"我和贝贝会好好学习，将来制造更先进的神奇飞船！"多多下定决心，一定要到那无尽的星空中畅游一番。

神奇的飞船

——太阳和她的传说

◎ 范子倩　王佳易 编著

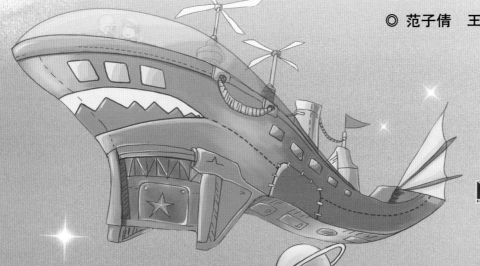

哈尔滨工业大学出版社
HARBIN INSTITUTE OF TECHNOLOGY PRESS

图书在版编目（CIP）数据

太阳和她的传说／范子倩，王佳易编著. -- 哈尔滨：哈尔滨工业大学出版社，2014.6
（神奇的飞船）
ISBN 978-7-5603-4217-7

Ⅰ.①太… Ⅱ.①范…②王… Ⅲ.①太阳-少儿读物 Ⅳ.①P182-49

中国版本图书馆CIP数据核字（2013）第198233号

本书由黑龙江省精品工程专项资金资助出版

神奇的飞船——太阳和她的传说

策 划 编 辑	甄森森	
责 任 编 辑	范业婷　　张鸿岩	
装 帧 设 计	刘长友	
出 版 发 行	哈尔滨工业大学出版社	
地　　　址	哈尔滨市南岗区复华四道街10号	
邮　　　编	150006	
网　　　址	http://hitpress.hit.edu.cn	
传　　　真	0451-86414749	
印　　　刷	哈尔滨市工大节能印刷厂	
开　　　本	889mm × 1194mm　　1/24	
印　　　张	9.75	
字　　　数	175千字	
版　　　次	2014年6月第1版	
印　　　次	2014年6月第1次印刷	
书　　　号	ISBN 978-7-5603-4217-7	
印　　　数	1～2000册	
定　　　价	88.00元（共十册）	

内容简介

太阳是离地球最近的恒星，是太阳系的中心。本书带领小朋友们走近太阳，了解更多与太阳相关的天文知识，培养小朋友们客观的科学态度以及对待科学孜孜不倦的探索精神。

本书适合学龄前儿童与家长亲子共读，以及7~12岁儿童自主阅读。

目录　CONTENTS

贝贝发现夸克船长正在维修飞船，便跑过去好奇地问："夸克船长，飞船有什么问题吗？"

船长说："我要给它戴一个金钟罩。"说着，飞船的四周升起一个透明的玻璃罩。"这可是最新技术生产出的耐高温玻璃，能抗衡的温度超乎我们的想象哦。"

贝贝恍然大悟："也就是说，下一站我们要去的是一个很热很热的地方？是太阳吗？"

夸克船长笑而不语。

飞船升级维护完毕，探索太阳的时刻终于到来了。大家登上飞船，发现飞船内部焕然一新，船长介绍说："这是新型的耐火材料，用石英砂、黏土、菱镁矿、白云石等做原料而制成的墙，能耐1 580 ℃以上温度呢。它们也是人们修建窑炉、燃烧室等需耐高温建筑的建筑材料。"

除此之外，飞船到处都装着风扇，冷气也开得足足的，把多多、贝

贝和Q博士冻得直打哆嗦。

多多嘟囔着说："早知道就该穿棉袄来。"

夸克船长微微一笑说："待会儿你就不这么想了。大家各就各位，我们的飞船马上就要起飞了。这会是一次很艰难的旅程，大家要做好心理准备！"

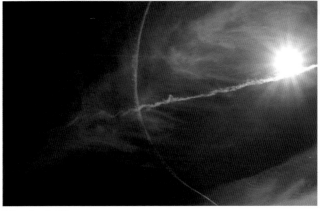

于是大家纷纷坐到自己的位子上，系好安全带。

飞船向着天际那颗耀眼的太阳出发啦！

揭开太阳的面纱

在茫茫宇宙中，太阳只是一颗非常普通的恒星，在广袤浩瀚的繁星世界里，太阳的亮度、大小等都处于中等水平。只是因为它离地球较近，所以看上去是天空中最大、最亮的天体。太阳系外的恒星离我们都非常遥远，即使是太阳系外最近的恒星，距离地球也比太阳远27万倍，所以看上去只是一个闪烁的光点。

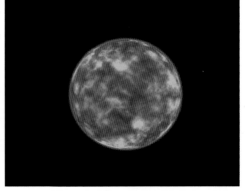

远观太阳

Q博士课堂

太阳是位于太阳系中心的恒星，其直径大约是1 392 020千米，相当于地球直径的109倍；质量大约是1.989×1030千克（地球的330 000倍），约占太阳系总质量的99.86%。

地球围绕太阳公转，公转的轨道是椭圆形的，地球到太阳的平均距离是1亿4 960万千米。以平均距离算，光从太阳到达地球大约需要经过8分19秒。人类从史前时代就一直认为太阳对地球有巨大影响，在许多文化中将太阳当成神来崇拜。直到19世纪初期，杰出的科学家才对太阳的物质组成和能量来源有了一点认识。直至今日，人类对太阳的理解仍在不断进展中，还有大量有关太阳活动的未解之谜等待着我们去探索。

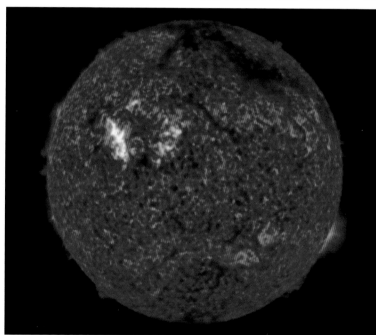
太阳表面

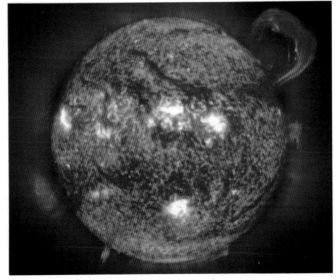

多多笔记：

- **地球距离太阳的平均距离：** $1.49\ 597\ 870 \times 10^{11}$ 米（约1亿5千万千米）

- **太阳直径：** 大约 $1\ 392\ 020$ 千米（地球直径的109倍）

- **太阳表面面积：** 大约 6.09×1012 平方千米

- **体积：** 大约 1.412×1018 立方千米（地球的 $1\ 300\ 000$ 倍）

- **质量：** 大约 1.989×1030 千克（地球的330 000倍）

- **太阳寿命：** 约100亿年（现在大约46亿年）

- **太阳表面温度：** 约5 500 ℃

- **中心温度：** 高达两千万摄氏度

火球

炽热的太阳表面不断地向宇宙空间放射出大量的光和热。如果把整个太阳表面用一层厚12米的冰壳包起来，那么只要1分钟，全部冰壳就会被太阳所放射出的热所融化。

飞船中的温度不断升高，墙壁慢慢变成了红色，空调风扇呼啦呼啦地吹出的似乎都是热风。多多早已经把自己刚说的话忘到了九霄云外，对着空调大叫："热死啦，热死啦！"

前面是一片耀眼的白光，夸克船长戴着神奇的高科技墨镜，面不改色地提醒大家："大家注意！我们已经靠近太阳，进入预定轨道了！"

大家望向窗外，只见一片火海似的红，到处都烧着了一样，除此之外什么也看不到。太阳太大了，靠近它就感觉是被火包围了，除了感到热，大家已经没有别的想法了。

"我们现在连太阳的大气层都没有进入，这点温度不算什么。"Q博士看起来很淡定的样子。

太阳的大气层，像地球的大气层一样，可按不同的高度和不同的性质分成各个圈层，即从内向外分为光球、色球和日冕三层。我们平常看到的太阳表面，是太阳大气层的最底层。它是不透明的，因此我们不能直接看见太阳内部的结构。但是，天文学家根据物理理论和对太阳表面各种现象的研究，建立了太阳内部结构和物理状态的模型。

太阳的核心区域半径是太阳半径的1/4，质量约为整个太阳质量的一半以上。太阳核心的温度极高，压力也极大，这些条件促成了太阳内部的热核反应，从而释放出极大的能量。

太阳核心区产生的能量的传递主要靠辐射。太阳核心区域之外就是辐射层，这里的温度、密度和压力都是从内向外递减。从体积来说，辐射层占整个太阳体积的绝大部分。

辐射层外到太阳大气层的底部，这一区间叫对流层。这一层气体性质变化很大，很不稳定，形成明显的上下对流运动。这是太阳内部结构的最外层。

光球层

太阳光球就是我们平常所看到的太阳球面，通常所说的太阳半径也是指光球的半径。光球层位于对流层之外，是太阳大气层中的最底层或最里层。光球的表面是气态的，厚度达500千米，所以光球是不透明的。

用望远镜可以看到光球表面有许多密密麻麻的斑点状结构，很像一颗颗米粒，被称为米粒组织。它们极不稳定，一般持续时间仅为5~10分

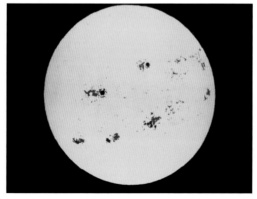

太阳光球

钟，其温度要比光球的平均温度高出300～400 ℃。目前认为这种米粒组织是光球下面气体的剧烈对流产生的。

光球表面另一种著名的活动现象便是太阳黑子。太阳黑子是光球层上的巨大气流旋涡，在明亮的光球背景反衬下显得比较暗，但实际上它们的温度高达4 000 ℃。倘若能把太阳黑子单独取出，一个太阳黑子便可以发出相当于满月程度的光芒。太阳黑子出现的情况不断变化，这种变化反映了太阳辐射能量的变化。

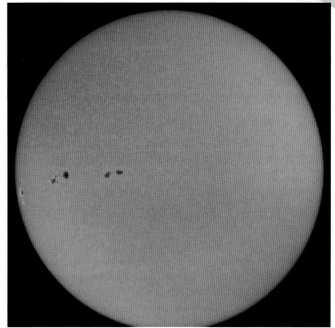

太阳黑子

色球层

紧贴光球层上方的是色球层，平时不易被观测到，只有在日全食时才能被看到。日全食时，人们能发现日轮边缘上有一层玫瑰红的绚丽光彩，那就是色球。色球层厚约8 000千米，它的化学组成与光球基本上相同，但色球层内的物质密度和压力要比光球层低得多。日常生活中，离热源越远处温度越低，而太阳大气的情况却截然相反，光球顶部接近色球处的温度差不多是4 300 ℃，到了色球顶部温度竟高达几万度，再往上，

到了日冕区温度陡然升至上百万度。人们对这种反常增温现象感到疑惑不解，至今也没有找到确切的原因。

人们可以观察到在色球上有许多腾起的火焰，被称为"日珥"。日珥是在迅速变化着的活动现象，一次完整的日珥过程一般只有几十分钟。日珥的形状千姿百态，有的如浮云烟雾，有的似飞瀑喷泉，有的好似一弯拱桥，也有的酷似团团草丛……

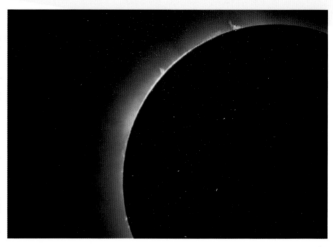

天文学家根据形态变化规模的大小和变化速度的快慢将日珥分成宁静日珥、活动日珥和爆发日珥三大类。最为壮观的要属爆发日珥，本来宁静或活动的日珥，有时会突然"怒火冲天"，把气体物质拼命往上抛射，然后回转着返回太阳表面，形成一个环状，所以又称环状日珥。

日珥现象

日冕层

日冕层是太阳大气层的最外层。它的密度比色球层低，但温度比色球层高，可达上百万摄氏度。在日全食时看到的放射状的非常明亮的银白色光芒即是日冕。日冕还会有向外的膨胀运动，并使得冷电离气体粒子连续地从太阳向外流出而形成太阳风。

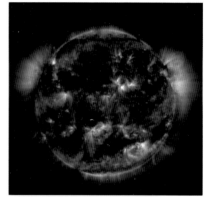

这时候飞船突然剧烈地晃动起来。

"怎么回事？"多多大声地问。

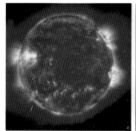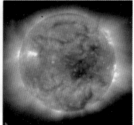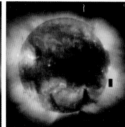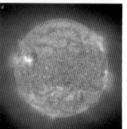

七彩光下的日冕

"看来是遇到了太阳风暴！"前面传来夸克船长的声音。"大家不要慌乱，我有办法！"

夸克船长按下了一个红色按钮，瞬间飞船的防护罩外，又升起一层保护罩 "这是最新的保护罩，再大的气流都穿不透，保证我们能在相对安全的环境下继续飞行。"

果然，一时间震荡停止了，飞船继续平稳地向前行驶着。

奇 妙 的 飞 船

太阳看起来很平静，实际上无时无刻不在发生剧烈的活动。太阳中心区不停地进行热核反应，所产生的能量以辐射方式向宇宙空间发射。其中二十二亿分之一的能量辐射到地球，成为地球上光和热的主要来源。太阳表面和大气层中存在很多活动现象，诸如太阳黑子、耀斑和日冕物质喷发等。这些活动会使太阳风大大增强，造成许多地球物理现象——例如极光增多、大气电离层和地磁的变化。太阳活动和太阳风的增强还会严重干扰地球上无线电通信及航天设备的正常工作，使卫星上的精密电子仪器遭受损害，地面通信网络、电力控制网络发生混乱，甚至可能对航天飞机和空间站中宇航员的生命构成威胁。

太阳黑子

通过一般的光学望远镜观测太阳，可以观测到光球层的活动。在光球上常常可以看到很多黑色斑点，它们叫作"太阳黑子"。太阳黑子在日面上的大小、多少、位置和形态等，总是在不断变化。太阳黑子是光球层物质剧烈运动而形成的局部强磁场区域，也是光球层活动的重要标志。长期观测太阳黑子就会发现，有的年份黑子多，有的年份黑子少，有时甚至几天、几十天都没有黑子出现。天文学家们注意到，太阳黑子从最多或最少到下一次最多或最少，大约相隔11年。也就是说，太阳黑

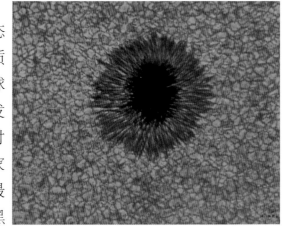

子有平均11年的活动周期，这也是整个太阳的活动周期。天文学家把太阳黑子最多的年份称为"太阳活动峰年"，把太阳黑子最少的年份称为"太阳活动谷年"。

长知识

早在4 000多年前，人类就观察到了形似三只脚的乌鸦的太阳黑子。

Q博士课堂

● 目前为止，通过太阳黑子的观察和研究，发现了一些有趣的东西。

● 太阳黑子是太阳表面温度相对较低而显得黑的区域。

● 太阳黑子会对地球的磁场和电离层产生干扰，致使指南针不能正确指示方向，动物迷路，无线电通信受到严重影响或中断，直接危害飞机、轮船、人造卫星等通信系统安全。

● 太阳黑子对人体健康有一定危害。太阳黑子活动的高峰期，太阳会发射大量的高能粒子流与X射线，引起地球磁暴现象，导致气候异常，地球上微生物因此大量繁殖，为流行疾病提供了温床。因此，太阳黑子活动达到高峰时，要及早预防流行性疾病。

● 一位瑞士天文学家发现，太阳黑子多的时候，气候干燥；太阳黑子少的时候，暴雨成灾。

● 地震工作者发现，太阳黑子数目增多的时候，地球上的地震也多。

● 植物学家发现，植物的生长受太阳黑子的影响，太阳黑子多植物长得快，太阳黑子少植物长得慢。

太阳耀斑

太阳耀斑是一种剧烈的太阳活动。一般发生在太阳色球层中，所以也叫"色球爆发"。其主要观测特征是：日面上突然出现激烈的亮斑闪耀，仅存在几分钟到几十分钟时间，亮度上升迅速，下降较慢。特别是在太阳活动高峰时，耀斑出现频繁且强度变强。一次亮斑释放的能量相当于10万～100万次强火山爆发的总能量，或相当于上百亿枚百吨级氢弹的爆炸。耀斑对地球空间环境造成很大影响。耀斑爆发时，发出大量的高能粒子到达地球轨道附近，将会严重危及航天器内的宇航员和仪器的安全。当耀斑辐射来到地球附近时，与大气分子发生剧烈碰撞，破坏电离层，使它失去反射无线电电波的功能。无线电通信尤其是短波通信，以及电视台、电台广播，会受到干扰甚至中断。

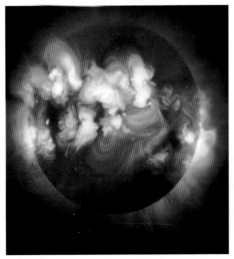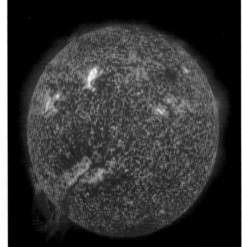

宇航员捕捉到的耀斑爆发如蟒蛇

耀斑发射的高能带电粒子流与地球高层大气作用，产生极光，并干扰地球磁场而引起磁暴。此外，耀斑对气象和水文等方面也有着不同程度的直接或间接影响。正因为如此，人们对耀斑爆发的探测和预报的关切程度与日俱增。

太阳光斑

太阳光斑是太阳光球层上比周围更明亮的斑状组织。用天文望远镜观测太阳时，常常可以发现：在光球层的表面有的地方明亮，有的地方深暗。这种明暗斑点是由于温度高低不同而形成的，比较深暗的斑点叫作"太阳黑子"，比较明亮的斑点叫作"光斑"。

奇异的蓝色光斑

光斑常在太阳表面的边缘出现，很少在太阳表面的中心区域露面。光斑是太阳上的一种强烈风暴，天文学家把它戏称为"高原风暴"。不过，与乌云翻滚、大雨滂沱、狂风卷地百草折的地面风暴相比，"高原风暴"要温和得多。光斑的亮度只比宁静光球层略强一些；温度比宁静光球层高300 ℃左右。许多光斑与太阳黑子有着不解之缘，常常环绕在太阳黑子周围。光斑平均寿命约为15天，较大的

光斑寿命可达3个月。光斑不仅出现在光球层上，色球层上也有它的活动痕迹。当它出现在色球层上时不叫"光斑"，叫"谱斑"。实际上，光斑与谱斑是一个整体，只是因为它们的高度不同，这就好比是一幢楼房，光斑住在楼下，谱斑住在楼上。

米粒组织

米粒组织是太阳光球层上的一种日面结构，呈多角形小颗粒形状，使用天文望远镜才能观测到。米粒组织的温度比周围区域的温度约高300 ℃，因此显得比较明亮易见。虽说它们看起来像小颗粒，实际上它们的直径有1 000～2 000千米。明亮的米粒组织很可能是从对流层上升到光球层的热气团。米粒组织上升到一定的高度时，很快就会变冷，并马上沿着上升热气流之间的空隙下降。米粒组织的寿命非常短暂，从产生到消失，几乎比地球大气层中的云消烟散还要快，平均寿命只有几分钟。有趣的是，在老的米粒组织消逝的同时，新的米粒组织又很快地在原来位置上出现，这种连续现象就像我们日常所见到的沸腾米粥上不断地上下翻腾的热气泡。

听完了Q博士的介绍，大家对太阳的认识更上了一个台阶，对各种太阳活动也不觉得那么可怕了。这时候多

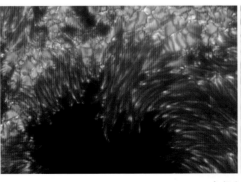

米粒组织

多提问道："太阳的寿命是100亿年，现在太阳大约46亿岁。那么太阳是怎么来的？100亿岁之后又去向何处呢？"

"这个问题问得很好！" Q博士赞许道。"我们对宇宙的认识还是很有限的，探索未知的世界，我们就应该具有多多这种善于提问、大胆思考的精神。下面我们来详细了解一下太阳这颗恒星的演化过程吧。"

太阳演化

据研究，45.9亿年前一团氢分子云的迅速坍缩形成了太阳。太阳目前已经到了中年期，在这个阶段它核心内部发生的恒星核合成反应将氢聚变为氦。在太阳的核心，每秒能将超过400万吨物质转化为能量。以这个速度计算，太阳至今已经将大约100个地球质量的物质转化成了能量。

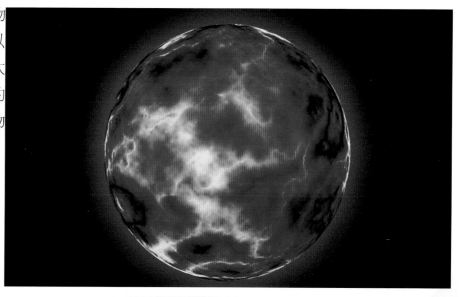

太阳的归宿

在大约50亿年后，太阳内的氢消耗殆尽，核心中主要是氦原子，太阳将转变成红巨星。红巨星阶段之后，由热产生的强烈脉动会抛掉太阳的外壳，形成行星状星云。失去外壳后剩下的只有极为炽热的恒星核，它将会成为白矮星，在漫长的时间中慢慢冷却和暗淡下去。这就是中低质量恒星的典型演化过程。

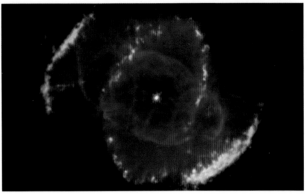

衰亡的红巨星

太阳最后可能成为黑矮星、中子星、新星或超新星。

木星会取代太阳吗？

我国天文学家经过长期的研究发现，几千年来，太阳系的亮度正在呈现减弱的趋势，而木星却相反，它的亮度每年竟然会增加2%，这种反其道而行之的现象说明了什么呢？难道木星内部存在热源？如果木星内部存在热源的话，那么木星在吸收且反射太阳能量的同时自身还要向外辐射热量。为了验证这一点，科学家们进行了深入的研究，结果发现木星释放的能量是它从太阳那里所获得能量的两倍，这就说明其中的能量有一半来自于木星内部，只有这样，才能合理解释木星能量收支不平衡的状况。行星是无法自己发光发热的，那么发光发热的木星又怎么会归属于行星呢？所以很多科学家

认为，木星并不是严格意义上的行星，他们相信，未来的木星将会演变成真正的恒星。木星由液态氢和一些氦气构成，它与太阳有着类似的大气成分。虽然木星目前的体积和质量分别只及太阳的千分之一，但科学家们指出，木星凭借自身巨大的引力，正在吸收大量的星际气体和尘埃，木星的质量必将朝着越来越大的方向发展。等到木星质量比现在大十几倍，它内部的物质就会发生热核反应。况且，木星还在不断吸收太阳的热量，长此以往，木星的能量将会越来越大，越来越热、越来越亮。这样，

30亿年后，当太阳临近它的暮年之时，木星就能一跃成为恒星，从而取代太阳的地位。当太阳脱掉外壳时，木星的质量已是现在的2.5倍，有足够的引力把太阳的外壳俘获，成为另一颗"太阳"（标准恒星）。再过50亿年，木星会成为一颗红巨星，太阳会由白矮星变为黑矮星，但依然保持着强大的引力。太阳会逐渐吸收木星表面的气体，当气体达到一定质量时，太阳就会变为新星。当吸收气体达到极限时，就会变为中子星或产生超新星爆发。

太阳对地球的影响

"我们都知道，地球的存在与太阳息息相关。谁也无法想象，没有了太阳，地球将怎样存在，人类将怎样生存。那么大家是否知道，太阳对地球的影响到底有哪些呢？"这时候Q博士提问道。

"有了太阳光芒的照耀，我们才有昼夜变化和四季更替，没有了太阳，地球将永远处于黑夜和寒冬！"贝贝抢着回答。

Q博士课堂

太阳能是取之不尽、用之不竭、无污染的最理想的能源。

太阳每时每刻都在向地球传送着光和热，有了太阳光，地球上的植物才能进行光合作用。从而为人和动物提供了充足的食物和氧气。

神秘的黑太阳

科学家最新观测到一颗"黑太阳"，这是一颗褐矮星，目前它是两项记录保持者——距离地球最近和最寒冷的褐矮星，它与地球的距离仅9.6光年，表面温度在130~230 ℃之间。同时，这颗恒星比其他邻近星体更加"寒冷"，看上去就如同一颗"黑色太阳"。

科学家最新发现距离地球最近的"黑太阳"

这项发现暗示着褐矮星存在非常普遍，并且它们与地球的距离更接近。褐矮星的质量非常小，因此它们无法承受类似太阳的核聚变反应。但它们仍然可以发光，在形成过程中会产生热量，然后逐渐冷却，光线衰弱。

关于太阳的传说

讲完了这些关于太阳的知识，Q博士觉得口干舌燥。这时候，因飞船离太阳已经十分接近，大家都满头大汗，而且出现了脱水的症状。夸克船长赶紧给贝贝和多多一种蓝色的小瓶饮料，说这是特地为这次太阳之旅准备的，能高效快速地补充人体内缺失的水分。喝完饮料，大家顿时觉得神清气爽了不少。

这时候Q博士说："为了再给大家提提神，我们来聊一聊关于太阳的各种神话故事吧。"

贝贝和多多一听，立刻来了劲，争抢着要第一个发言。"我先说……""我先说！"

贝贝的故事——太阳神阿波罗

太阳神阿波罗是古希腊神话中著名的神祇之一，是天神宙斯和女神勒托的儿子，是光明的化身。

阿波罗从不说谎，光明磊落，所以他也被称为真理之神；阿波罗很擅长弹奏七弦琴，美妙的旋律有如天籁，所以又被视为文艺之神；阿波罗还精通箭术，他的箭百发百中，从未射失，曾经射杀过为祸人类的巨蟒；阿波罗也是医药之神，把医术传给人们；阿波罗聪明、通晓世事，所以他也是寓言之神。阿波罗掌管音乐、医药、艺术、寓言，是希腊神话中最多才多艺，也是最美最英俊的神祇，阿波罗同时是男性美的典型。

多多的故事——后羿射日

传说古时候，有10个太阳，它们轮流穿梭于天空中，照射人间，把光和热带给人

们。可是有一天，它们不甘寂寞，决定一起遨游天空。可是这样，十个太阳一起炙烤大地，森林着火啦，所有的庄稼和房子都被烧成了灰烬；河流干枯了，大海也面临干涸，所有的鱼都死光了。人们在灾难中苦苦挣扎。

这时有个年轻的神箭手，他叫后羿。他看到人们生活在火难中，心中十分不忍，便暗下决心射掉那多余的九个太阳，帮助人们脱离苦海。于是，后羿翻过了九十九座高山，迈过了九十九条大河，穿过了九十九个峡谷，来到了东海边，登上了一座大山。后羿拉开了弓弩，搭上利箭，瞄准天上火辣辣的太阳，嗖地一箭射去，第一个太阳被射落了。就这样，后羿一箭接一箭地射向太阳，无一虚发，射掉了九个太阳。直到剩下最后一个太阳，他怕极了，就按照后羿的吩咐，每天从东方的海边升起，晚上从西边的山上落下，温暖着人间，让人们安居乐业。

大家在津津有味地听着关于太阳的传说，这时夸克船长扭过头对大家说："我们刚刚已经最大程度地靠近了太阳，快要超出飞船所能承受的极限温度了。接下来必须返航。"

听到夸克船长的话，大家有些恋恋不舍。为了缓解返航途中的沉闷，Q博士开始为大家介绍各种与太阳有关的小知识。

知道更多

恒星是由炽热气体组成的，是能自己发光的球状或类球状天体。由于恒星离我们太远，不借助于特殊工具和方法，很难发现它们在天上的位置变化，因此古代人把它们认为是固定不动的星体。恒星都是气体星球。晴朗无月的夜晚，无光污染的地区，一般人用肉眼大约可以看到6 000多颗恒星，借助于望远镜，则可以看到几十万乃至几百万颗以上。估计银河系中的恒星大约有1 500~2 000亿颗。

在恒星世界当中，太

广阔的恒星世界

阳的大小属中等，比太阳小的恒星有很多，其中最突出的要数白矮星和中子星了。白矮星的直径只有几千千米，和地球差不多，中子星就更小了，它们的直径只有 20 千米左右。

除了太阳之外，最靠近地球的恒星是半人马座的比邻星，距离地球39.9兆千米，或4.2光年。比邻星是一颗红矮星。 如果用最快的宇宙飞船到比邻星去旅行的话，来回得17万年。

通常红矮星的亮度都很弱，以肉眼观测是看不见的，比邻星也不例外。1915年约翰内斯堡联合天文台的主管罗伯特·因尼斯发现了比邻星。

当多多和贝贝还陶醉在这有趣的宇宙知识中时，神奇飞船已经不知不觉地飞回了地球。大家走下飞船，仰头望向天空中的那一轮红日，心中涌起了一股强烈的愿望：探索更多的宇宙奥秘。

神奇的飞船

的

——向火星进发

◎ 范子倩　王佳易 编著

哈爾滨工業大學出版社
HARBIN INSTITUTE OF TECHNOLOGY PRESS

图书在版编目（CIP）数据

向火星进发/范子倩，王佳易编著. -- 哈尔滨：哈尔滨工业大学出版社，
2014.6
（神奇的飞船）
ISBN 978-7-5603-4217-7

Ⅰ.①向… Ⅱ.①范… ②王…Ⅲ.①火星–少儿读物 Ⅳ.①P185.3-49

中国版本图书馆CIP数据核字（2013）第196674号

本书由黑龙江省精品工程专项资金资助出版

神奇的飞船——向火星进发

策 划 编 辑	甄淼淼
责 任 编 辑	范业婷　张鸿岩
装 帧 设 计	刘长友
出 版 发 行	哈尔滨工业大学出版社
地　　　址	哈尔滨市南岗区复华四道街10号
邮　　　编	150006
网　　　址	http://hitpress.hit.edu.cn
传　　　真	0451-86414749
印　　　刷	哈尔滨市工大节能印刷厂
开　　　本	889mm×1194mm　1/24
印　　　张	9.75
字　　　数	175千字
版　　　次	2014年6月第1版
印　　　次	2014年6月第1次印刷
书　　　号	ISBN 978-7-5603-4217-7
印　　　数	1～2000册
定　　　价	88.00元（共十册）

内容简介

　　火星与地球有很多相似之处，也是人类研究最多的行星之一，近些年，火星探测搞得如火如荼。本文将带大家前去探索火星，了解火星和其他地球的兄弟行星，在帮助小朋友们增长见识的同时，激发他们的求知欲望和探索精神，从小树立远大的人生理想。

　　本书内容有趣、语言通俗，既适合学龄前儿童与家长亲子共读，又适合7~12岁儿童自我阅读。

奇妙的飞船

目录　CONTENTS

神奇飞船又一次蓄势待发了。

"这次我们要去哪里啊？"贝贝问道。

"这次我们要去探索一颗和地球很像、很亲近的兄弟星球——火星。"夸克船长微笑道。

"嗡嗡嗡……"船长发动了引擎，神奇飞船微微震动，船体稳稳地离开地面，缓缓上升，在天际画出了一道漂亮的弧线，消失在茫茫星空中。

@博士课堂

　　火星是太阳系的八大行星之一，是太阳系由内往外数的第四颗行星，属于类地行星，直径约为地球的一半，自转周期与地球相近，公转一周约为地球公转时间的两倍。火星基本上是沙漠行星，地表沙丘、砾石遍布，没有稳定的液态水。二氧化碳为主的大气既稀薄又寒冷，沙尘悬浮其中，常有尘暴发生。

知道更多

这时候，一颗红色的星球渐渐映入眼帘。

"我们到了！"多多看着窗外这颗耀眼的星球，惊呼起来。

火星呈现为橘红色是因为地表被赤铁矿（氧化铁）覆盖。

与地球相比，火星上的地质活动不活跃，地表有密布的陨石坑、火山与峡谷，包括太阳系内最高的山（奥林帕斯山）和最大的峡谷（水手号峡谷）。另一个独特

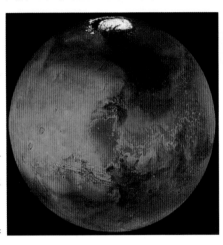

的地形特征是南北半球的明显差别：南方是古老、充满陨石坑的高地，北方则是较年轻的平原。

火星有两个天然卫星：火卫一和火卫二，形状不规则，可能是捕获的小行星。在地球上观察，火星肉眼可见，亮度比金星、月球和太阳低，在大部分时间里也比木星暗。

飞船停在了这一片广袤的土地上。大家环顾四周，发现不远处有一条很深的鸿沟，远处一座座山脉层层叠叠，一切都那么壮观又神秘。

Q博士走近这条峡谷，他很认真地左看看、右看看，若有所思地把大家召集了过来，然后给大家介绍说："这条就是火星上非常有名的大峡谷，艾彻斯峡谷。"

Q博士课堂

艾彻斯峡谷位于火星赤道的北部，深约1千米，宽10千米，绵延100千米。行星地质学者分析认为，该峡谷是由流淌的地下水冲击而成。最令人惊讶的是，这里的地貌与地球上干旱和半干旱地区十分相似，就像美国的科罗拉多大峡谷。

艾彻斯峡谷

科罗拉多大峡谷

火星上的地形地貌

火星和地球一样拥有多样的地形，有高山、平原和峡谷，火星基本上是沙漠行星，地表沙丘、砾石遍布。由于重力较小等因素，地形尺寸与地球相比也有不同的地方。南北半球的地形有着强烈的对比：北方是被熔岩填平的平原，南方则是充满陨石坑

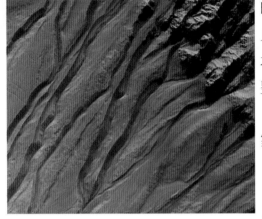

的古老高地，而两者之间以明显的斜坡分隔；火山地形穿插其中，众多峡谷亦分布各地，南北极则有以干冰和水冰组成的极冠，沙丘广布整个星球。

这时候，Q博士从神奇飞船上推出了一个大家伙。

"这是什么？"大家好奇地问。

"这是高分辨率成像科学实验照相机，它功能强大，想要仔细观测火星可就靠它了。"Q博士答道。

"咔嚓咔嚓……"Q博士驾驶着移动小车，一顿猛拍。

高分辨率成像科学实验照相机拍摄的照片令人叹为观止，火星神奇的地貌得以呈现在人们眼前。让我们看看Q博士拍出的神奇、美丽的火星地貌照片吧。

从图片中我们可以看出，成排的"针叶林"从火星表面的沙丘上长出。而事实上，这样的场景只是一种光学错觉。这张图片实际显示的是距离火星北极不足400千米的沙丘上覆盖的一层薄

火星上的树木

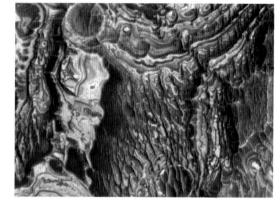

沉积层

薄的干冰。这些"树木"其实是干冰直接升华成气体而形成的。

这张照片显示了水手峡谷地区一个高原上的沉积层。Q博士认为该沉积层由乳白硅和硫酸铁构成，是在酸性水的作用下形成的。照片拍摄了约1.2千米见方的区域。

这张照片显示的是火星南极干冰帽。干冰升华形成了这一神奇的地貌。Q博士认为，二氧化碳气体在干冰下部"流动"，从缝隙溢出，将干冰所覆盖的

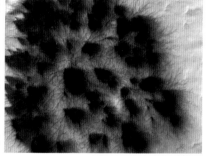

火星南极干冰帽

维多利亚陨坑

火星地表侵蚀成蜘蛛网状的沟槽。二氧化碳气体还会携带尘土溢出，并降落在干冰表面，形成扇状的沉积。

这张照片显示的是维多利亚陨坑。它的边缘呈现参

差不齐的锯齿形状，这种形状是侵蚀作用产生的。陨坑底部是一片沙丘地。

上图中显示的形状奇特的沙丘被称为新月形沙丘，在地球上也很常见。这种沙丘通常形成在风向比较恒定的区域。

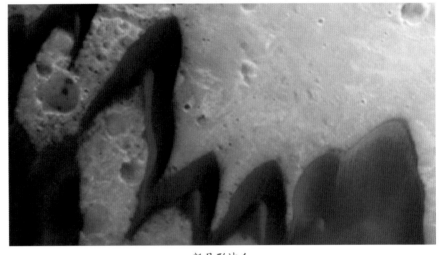

新月形沙丘

这时候Q博士似乎发现了一个神奇的地方。"火星上难道有……湖？"Q博士惊奇地说到。

这是原始的火山湖，曾经处于潮湿的状态，而如今早已干枯。

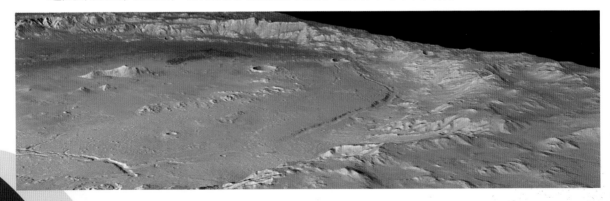

贝贝和多多正各自沉浸在对火星图片的欣赏中。

"我们来火星可不是来看图片的，我们在火星上停留的时间可是有限哦！"这时夸克船长提醒大家。

火星上的环境

火星的公转轨道是椭圆形的。在接受太阳照射的地方，近日点和远日点之间的温差将近160 ℃，这对火星的气候产生了巨大的影响。火星上的平均温度大约为零下55 ℃，冬天最低温度为零下133 ℃，夏日白天最高温度为27 ℃。

火星比地球小得多，它的表面积相当于地球表面的陆地面积。

火星的大气密度大约只有地球的1%，非常干燥。在火星的早期，它与地球十分相似。像地球一样，火星上几乎所有的二氧化碳都被转化为含碳的岩石。但由于缺少地球的板块运动，火星无法使二氧化碳再次循环到它的大气中，从而无法产生意义重大的温室效应。

从火星上遥望地球

因此，即使把它拉到与地球距太阳同等距离的位置，火星表面的温度仍比地球上低得多。

神奇飞船的成员们漫步在火星之上，不断地观察、拍照。突然多多兴奋地大喊"看，地球。"

火星到地球有多远？

火星距地球的最近距离约为5 500万千米，最远距离则超过4亿千米。两者之间的近距离接触大约每15年出现一次。在2011年的8月27日，火星与地球的距离仅为约5 576万千米，是6万年来最近的一次。不过据天文学家推算，在从公元1600年到2400年这800年间，火星与地球的最近距离榜上它只能排在第三位。根据推算，到2366年9月2日，两者之间的距离将约为5 571万千米。而到2287年8月28日，两者更为接近，距离约为5 569万千米。一般来说，火星和地球距离近的时候最适合登陆火星和在地面对火星进行观测。

火星上是否存在生命

虽然火星现在是一个寒冷、干燥和荒凉的世界，但是诸多线索和证据显示火星数十亿年前曾是一颗温暖潮湿、颇似地球的行星，因此火星是太阳系中除地球外最有可能孕育生命的行星，人们一直都在猜测火星上是否存在生命。

火星之貌

生命的形成最基础的条件是水，目前科学研究发现火星远古时期曾完全被水覆盖，硫酸盐和黏土等火星表面的矿物质，仅形成于具有水的条件下。许多地质特征表明火星表面曾有激流涌现，大量的水仍存在于火星，但它以冷冻的形式存在于火星极

9

地冰帽，以及近代发现的永久冻土层和巨大的地下冰川中。

科学家猜测火星微生命具有许多外观形态，比如：20世纪70年代"海盗号"登陆器实验采集的样本，从南极洲发现的著名"火星陨星"，尤其是火星陨星使研究人员认为微生物化石可能保存于从火星坠落的岩石中；此外，火星稀薄大气层中的甲烷可能为生物起源提供条件。

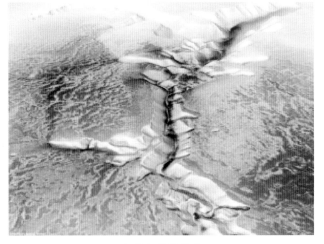

火星上曾经的水

采集火星石头标本

火星曾经发生了什么？

　　关于火星的另一个谜团就是火星上曾经发生了什么？5亿~10亿年前，火星曾是一个温暖潮湿、令人充满遐想的世界，然而之后发生的事情却完全颠覆了这一切！

　　科学家希望通过逐步地深入研究揭开火星的神秘面纱，例如：火星是否曾拥有浓密的大气层，是否在远古时代存在能够影响地质结构的火山活跃性。毕竟火星有太阳系中最长的峡谷——水手号峡谷，以及最大的火山——奥林帕斯山。

神秘的火星

"勇气号"探测火星

　　这时候夸克船长拿起对讲机开始召唤各位成员，"火星的秘密有很多，不过只能等待大家以后前来探索了，我们现在准备起航。"

　　"这么快就返航？太不尽兴了！"多多抱怨着。

　　"哈哈，小家伙。人类探索了这么多年，都没有能破解火星的秘密，难道你还想一次就把火星征服吗？我们还需要去看望太阳系中地球的其他6个行星兄弟

呢。"Q博士说到。

"好吧。什么？我们还要去看望其他行星兄弟？哦，船长万岁！"

在2006年8月24日于布拉格举行的第26界国际天文联会中通过的第5号决议中，冥王星被划为矮行星，并命名为小行星134340号，从太阳系九大行星中被除名。所以现在太阳系只有八颗行星。也就是说，从2006年8月24日起，太阳系只有八大行星，即水星、金星、地球、火星、木星、土星、天王星和海王星。

水星

"注意了，注意了，系好安全带，我们要起航了，目标水星。"

水星，距离太阳最近的行星，是八大行星中最小的行星，在中国古代被称为辰星。水星可不是由水构成的，它主要由石质和铁质构成的，是太阳系中仅次于地球，密

度第二大的天体。水星的自转周期很长，自转一周大约需要58.65天。水星88天（地球日）就能绕太阳旋转一周，是太阳系中运动最快的行星。在水星上看太阳要比在地球上看大两倍半，太阳光比地球赤道的阳光还要强6倍，所以水星朝向太阳的一面，温度非常高，可达到400℃以上。但背向太阳的一面，长期不见阳光，温度非常低，达到−173℃。1974年3月、9月和1975年3月，美国发射的"水手十号"探测器探测了水星，向地球发回5 000多张照片。水星地貌酷似月球，有大小不一的环形山，还有平原、裂谷、盆地等地形。

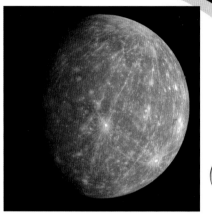

采集水星石头标本

@博士课堂

　　水星上的环形山和月球上的环形山一样，也进行了命名。在国际天文学联合会已命名的310多个环形山中，有15个环形山是以我们中华民族的人物的名字命名的。有伯牙：传说是春秋时代的音乐家；蔡琰：东汉末年女诗人；李白：唐代大诗人；白居易：唐代大诗人；董源：五代十国南唐画家；李清照：南宋女词人；姜夔：南宋音乐家；梁楷：南宋画家；关汉卿：元代戏曲家；马致远：元代戏曲家；赵孟：元代书画家；王蒙：元末画家；朱耷：清初画家；曹沾（即曹雪芹）：清代文学家；鲁迅：中国现代文学家。

　　水星表面上环形山的名字都是以文学家、艺术家的名字来命名的，没有科学家，这是因为月面环形山大都用科学家的名字命名了。水星表面被命名的环形山直径都在20千米以上，而且都位于水星的西半球。

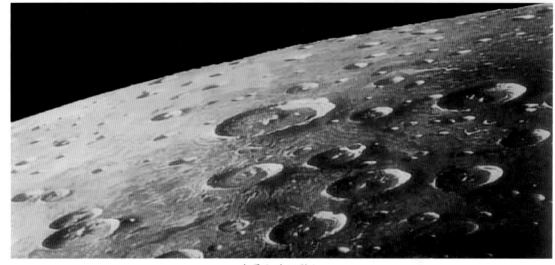

水星上的环形山

美丽的金星

闪亮的金星

金星也是太阳系八大行星之一，位于水星和地球之间，是离太阳第二近的行星。同时，它是离地球最近的行星。中国古代称之为启明星、太白或太白金星。金星的公转周期是224.71天，在夜空中亮度仅次于月球。金星要在日出稍前或者日落稍后才能达到亮度最大。它有时黎明前出现在东方天空，所以被称为"启明星"；有时黄昏后出现在西方天空，所以被称为"长庚星"。

　　金星和地球有不少相似之处。金星的半径约为6 073千米，只比地球半径小300千米，体积是地球的88%，质量为地球的4/5；平均密度略小于地球。虽然如此，但两者的环境却有天壤之别：金星的表面温度很高，不存在液态水，加上极高的大气压力和严重缺氧等残酷的自然条件，金星有极少的可能有生命存在。

"大个子" 木星

　　木星，也是太阳系八大行星之一，位于火星外侧，是太阳系中体积最大、自转最快的行星。木星主要由氢和氦组成，中心温度估计高达30 500 ℃。木星在太阳系的八大行星中体积和质量最大，它的质量是其他七大行星质量总和的2.5倍还多，是地球的318倍，而体积则是地球的1 321倍。按照与太阳的距离由近到远排，木星位列第五。木星并不是正球形的星体，而是两极稍扁，

赤道略鼓。木星是天空中第四亮的星星，仅次于太阳、月球和金星（在有的时候，木星会比火星稍暗，但有时却要比金星还要亮）。木星表面有一个大红斑，达到从东到西最长达到40 000千米，从北到南长12 000千米，面积约为453 250 000平方千米。对于它是什么目前仍有争论，很多人认为它是一个永不停息的旋风，它的范围可以吞没3个地球。

　　木星有一层厚而浓密的大气层，大气的主要成分是氢，占80%以上，其次是氦，约占18%，其余还有甲烷、氨、碳、氧和水汽等。木星大气中各种颜色的云层像波浪一样在激烈地翻腾着。在木星大气中还观测到有闪电和雷暴。由于木星离太阳较远，因此木星的表面温度比地球表面温度低得多。从木星接受太阳辐射计算，其表面有效温度值为-168℃，而地球观测值为-139℃，"先驱者11号"宇宙飞船的探测值为-148℃，仍比计算值高，这说明木星有内部热源。"先驱者号"探测器对木星考察的结果表明，木星没有固体表面，木星是一个流体行星。

@博士课堂

　　木星表面的大多数特征变化很快，但也有些标记具有持久和半持久的特征，其中最显著最持久，也是人们最熟悉的特征要算大红斑了。

　　大红斑是位于木星赤道南侧、最长达4万多千米、宽约1.2万千米的一个红色卵形区域。从17世纪中叶，人们就开始对它进行时断时续的观测了，1879年以后，开始对它进行连续的记录，并发现它在1879～1882年，1893～1894年，1903～1907年，1911～1914年，1919～1920年，1926～1927年，特别是在1936～1937年，1961～1968年，以及1973～1974年这些年代中，变得显眼和色彩艳丽。在其他时间，显得暗淡，只略微带红，有时只有红斑的轮廓。

神秘的土星

　　土星，太阳系八大行星之一，位于木星外侧，体积仅次于木星，并与木星、天王星及海王星同属气体（类木）巨星。土星公转周期大约为29.5年,直径为119 300千米（地球的9.5倍），是太阳系中的第二大行星。它与邻居木星十分相像，表面也是液态氢和氦的海洋，上方同样覆盖着厚厚的云层。土星上狂风肆虐，沿东西方向的风速可超过时1 600千米/小时。土星上空的云层就是这些狂风造成的，云层中含有大量

的结晶氨。

在太阳系的行星中，土星的光环最惹人注目。观测表明构成光环的物质是碎冰块、岩石块、尘埃、颗粒等，它们排列成一系列的圆圈，绕着土星旋转。 土星还有较多的卫星，到2012年为止，已发现并证实的有62个。

土星为数众多的卫星

冷冰冰的天王星

天王星位于土星外侧，也是太阳系八大行星之一。其体积在八兄弟中排名第三，质量排名第四。天王星是第一颗在现代发现的行星，虽然它与五颗传统行星一样，亮度是肉眼可见的，但由于较为黯淡而未被古代的观测者发现。它是第一颗使用望远镜发现的行星。天王星和海王星的内部和大气构成不同于更巨大的气体巨星——木星和土星。同样的，天文学家设立了不同的冰巨星分类来安置它们。天王星大气的主要成分是氢和氦，还包含较高比例的由水、氨、甲烷结成的"冰"，与可以察觉到的碳氢化合物。它是太阳系内温度最低的行星。它有复合体组成的云层结构，水在最低的云层内，而甲烷组成最高处的云层。

最外层的海王星

海王星是环绕太阳运行的第八颗行星，是围绕太阳公转的第四大天体（直径上）。海王星在直径上小于天王星，但质量比天王星大。海王星的质量大约是地球的17倍，而类似双胞胎的天王星因密度较低，质量大约是地球的14倍。作为典型的气体行星，海王星上呼啸着按带状分布的大风暴或旋风，海王星上的风暴是太阳系中最快的，时速达到2 000千米。海王星的蓝色是大气中甲烷吸收了太阳光中的红光造成的。

虽然海王星是一个寒冷而荒凉的星球，但科学家们推测它的内部有热源，因为它辐射出的能量是它吸收的太阳能的两倍多。

由于燃料问题，神奇飞船必须结束太阳系八大行星兄弟的串门之旅了，今后，我们还要多多地了解这些好邻居，了解太阳系这个小家庭，再扩展到银河系大家庭，最终走向整个宇宙。

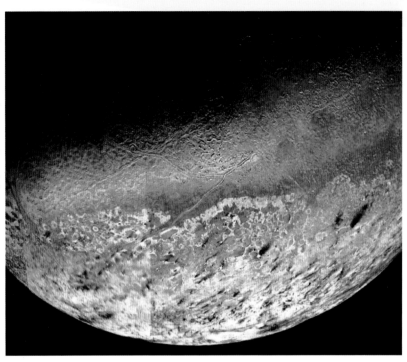

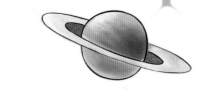

神奇的飞船

——星云历险记

◎ 范子倩　王佳易 编著

哈尔滨工业大学出版社
HARBIN INSTITUTE OF TECHNOLOGY PRESS

图书在版编目（CIP）数据

星云历险记/范子倩，王佳易编著. -- 哈尔滨：哈尔滨工业大学出版社，
2014.6
（神奇的飞船）
ISBN 978-7-5603-4217-7

Ⅰ.①星… Ⅱ.①范…②王… Ⅲ.①星云–少儿读物 Ⅳ.①P155–49

中国版本图书馆CIP数据核字（2013）第196673号

本书由黑龙江省精品工程专项资金资助出版

神奇的飞船——星云历险记

策 划 编 辑	甄淼淼
责 任 编 辑	范业婷　张鸿岩
装 帧 设 计	刘长友
出 版 发 行	哈尔滨工业大学出版社
地　　　址	哈尔滨市南岗区复华四道街10号
邮　　　编	150006
网　　　址	http://hitpress.hit.edu.cn
传　　　真	0451–86414749
印　　　刷	哈尔滨市工大节能印刷厂
开　　　本	889mm×1194mm　1/24
印　　　张	9.75
字　　　数	175千字
版　　　次	2014年6月第1版
印　　　次	2014年6月第1次印刷
书　　　号	ISBN 978-7-5603-4217-7
印　　　数	1～2000册
定　　　价	88.00元（共十册）

内容简介

　　浩瀚的宇宙中，飘荡着各式各样的云彩，有的像眼睛、有的像嘴唇……它们就是星云。本书将带领小朋友们认识星云、了解星云，帮助小朋友们在增长见识的同时，培养出强烈的求知欲望，从小树立远大的人生目标。

　　本书内容有趣、语言通俗，既适合学龄前儿童与家长亲子共读，又适合7~12岁儿童自我阅读。

目录 CONTENTS

神奇飞船又一次出发了，驰骋在茫茫的宇宙中。多多又可以好好欣赏宇宙中神秘而又美妙的各种天文星体了。

"还记得上次观察银河时候提到的星云吗？多多。"

"是那种像棉花糖一样的星星组成的云彩吗？"多多随口回答。

"哈哈，不能只会看热闹，要多学习一点宇宙知识啊。"Q博士哈哈大笑道。

Q博士课堂

星云是一种云雾状的天体，由星际气体和尘埃结合而成。星际气体和尘埃在宇宙空间中的分布并不均匀，在引力作用下，某些地方的气体和尘埃可能相互吸引而密集起来，形成星云。

星云的体积很大，常达方圆几十光年。星云的形状各式各样，就像天上的云彩一样。通常，星云比太阳要重得多，但是它的密度很低，因为它有些部分是真空的。

经研究证实，星际气体主要由氢和氦两种元素构成，星际尘埃是一些很小的固态物质，成分包括碳合物、氧化物等。这与恒星的成分类似，所以人们猜测星云和恒星有"血缘"关系，在一定条件下能够互相转化。恒星抛出的气体可以成为星云的组成部分，而星云在引力作用下可以压缩成恒星。

星云是一种云雾状的天体，但并不是所有云雾状天体都被称作星云。起初，由于观测设备和观测水平的限制，人们把所有云雾状的天体都称为星云。后来，随着科技的发展，把曾经的星云划分为星团、星系和星云三种。

远远的天空闪过一条条五彩缤纷的光带，各种色彩交相辉映，太美了！大家忍不住赞叹道。

"远处的那些都是星云。"Q博士提醒大家。

这时候，神奇飞船慢慢飞进了一片耀眼的光带中，大家仿佛置身于仙境。

"我们已经身在星云之中了！"Q博士兴奋地告诉大家。

这时候细心的多多说道："为什么远方的那些星云是弥漫开的；而我们现在进入的星云却像个亮环一样？"

Q博士赞扬道："多多观察得真仔细！不错，星云是不一样的，有不同的形状。"

就形状来说，星云可分为弥漫星云和行星状星云等。

星际尘埃

弥漫星云无规则形状，星云边界直径可达几十光年，质量为10个太阳左右。比较著名的弥漫星云有猎户座大星云和马头星云。

行星状星云由质量中小程度的恒星爆炸后产生，具有高温核心星（如白矮星），外形呈圆盘状或环状，带有延伸星云。 比较著名的行星状星云有宝瓶座耳轮状星云和天琴座环状星云。

神奇飞船进入的星云

弥漫星云

猎户座大星云

马头星云

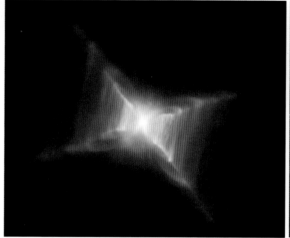

行星状星云

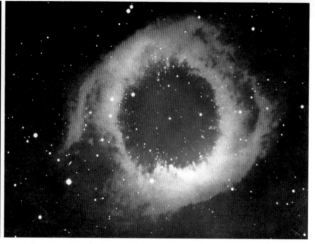

宝瓶座耳轮状星云

就发光性质来说，星云可分为发射星云、反射星云和暗星云。被中心或附近的高温照明星激发发光的星云称为发射星云，因反射和散射低温照明星的辐射而发光的星云称为反射星云，部分或全部挡住背景恒星的星云称为暗星云。发射星云和反射星云统称为亮星云，其中亮度时有变化的星云叫作变光星云。

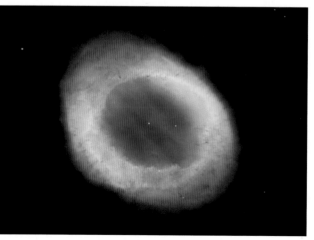

天琴座环状星云

发射星云

反射星云

"我们远处看到的正是弥漫星云，而现在进入的是行星状星云，对吗？博士？"多多问道。

"对！"大家异口同声回答他。

美丽的弥漫星云

弥漫星云正如它的名字一样，四处弥漫而没有明显的边界，常常呈现为不规则的形状，犹如天空中的云彩。弥漫星云一般得使用天文望远镜才能观测到，我们看到的图片都是用天体照相机经过长时间曝光得到的。弥漫星云的直径在几十光年左右，密度很低，平均每立方厘米含有10~100个原子（事实上这比实验室里得到的真空密度要低得多）。弥漫星云是星际物质集中在一颗或几颗亮星周围而产生的亮星云，这些亮星都是年轻的恒星。

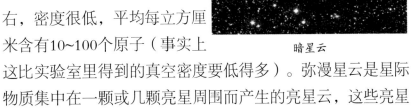

暗星云

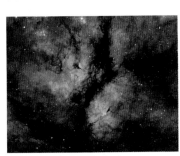

美丽的弥漫星云

神秘的行星状星云

　　行星状星云和行星没有任何联系，只是由于其形状呈圆形、扁圆形或环形，有些与大行星相像，因而得名。有些行星状星云的形状十分独特，如位于狐狸座的M27哑铃星云及英仙座中M76小哑铃星云等。往往有一颗很亮的正在演化成白矮星的恒星在行星状星云的中央，称为行星状星云的中央星。中央星不断向外抛射物质，形成星云。因此行星状星云是恒星晚年演化的结果，它们是和太阳质量差不多的恒星演化到晚期，核反应停止后，走向死亡时的产物。行星状星云与弥漫星云在性质上完全不同，它们的体积处于不断膨胀之中，最后趋于消散。因此行星状星云的"生命"是十分短暂的，通常会在数万年之内逐渐消失。

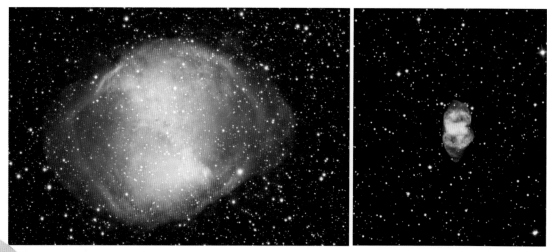

哑铃星云　　　　　　　　　　　　　　　　　　小哑铃星云

神奇飞船现在飞出了这片行星状星云，继续向前。这时候Q博士提醒大家看窗外，远远有一团星云，伸出许多纤维状物质，形状很像一只大螃蟹。

"这就是大名鼎鼎的蟹状星云。"Q博士介绍说。

@博士课堂

蟹状星云位于金牛座，距离地球大约6 500光年，我们无法通过肉眼直接观察到它。

对蟹状星云最早的记录出自中国的天文学家。研究表明，蟹状星云是公元1054年超新星爆发后留下的遗迹，在中国的史料中，有很多有关1054年曾有过超新星剧烈爆发的珍贵记录资料。例如：公元1054年7月，中国的一位名叫杨惟德的官员，向皇帝奏报天空中出现了一颗"客星"。

蟹状星云由约翰·贝维斯于1731年首次观测到。1758年，法国天文学家查尔斯·梅西耶再次发现该星云，并于1771年制作著名的"星云星团(M)表"时，将蟹状星云编号为M1。

1892年美国天文学家拍下了蟹状星云的第一张照片，从此，通过多年的观测发现：蟹状星云在不断地高速膨胀。由此天文学家推算出：蟹状星云来源于900多年前的一次明亮的超新星爆发，正是中国人于公元1054年观察到的"客星"。蟹状星云成为第一个被确认与超新星爆发有关的天体——超新星遗迹。

蟹状星云

超新星遗迹

超新星遗迹是超新星爆发后抛出的气体形成的。超新星遗迹的体积处于不断膨胀之中，最后趋于消散。最有名的超新星遗迹是金星座中的蟹状星云。在这个星云中央已发现一颗中子星，但因为中子星体积非常小，用光学望远镜无法看到。它是被脉冲式的无线电波辐射发现的，在理论上确定为中子星。

什么是中子星？

中子星是恒星演化到末期，经由重力崩溃发生超新星爆炸之后，可能成为的少数终点之一。简而言之，中子星是质量没有达到可以形成黑洞的恒星在寿命终结时塌缩形成的一种介于恒星和黑洞之间的星体。中子星的密度为10^{11}千克/立方厘米，是水的密度的几千万倍。直径22米的中子星即可与地球质量相当，半径十千米的中子星质量就与太阳相当了。

"哇，这么厉害！"大家对中子星都表示很吃惊，很有兴趣。"博士博士，我们能飞入蟹状星云近距离接触一下中子星么？"

"这个……估计不行。"博士说："你们

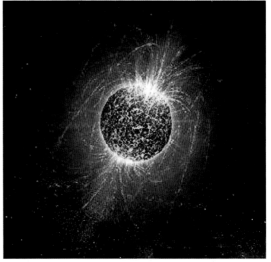

中子星

要是了解了中子星的真实面目，肯定就没有这个想法了。"

@博士课堂

中子星体积很小，可以说小得出奇。甚至骑一辆自行车以普通速度行驶1小时就可以绕中子星一圈。可是，就是这么颗小小的恒星，却有着惊人的、极端的物理条件。

◆温度高得惊人。

据估计，中子星的表面温度可以达到1 000万℃，中心温度还要高数百万倍，达到几十亿℃。而我们比较熟悉的太阳，表面温度才6 000℃不到，中心温度约1 500万℃。

◆压力大得惊人。

我们地球中心的压力大约是300多万个大气压，即我们平常所说的1标准大气压的300多万倍。中子星的中心压力可以达到10^{28}个大气压。

◆磁场强度惊人。

拥有超强磁场的中子星

在地球上，地球磁极的磁场强度最大，但也只有0.7高斯（高斯是磁场强度的单位）。太阳黑子的磁场更是强得不得了，约1 000～4 000高斯。而中子星的磁场强度可以超过10^{12}高斯。

"如果我们进去，就出不来了。我们会被烤化，或者被压成一个很扁很扁的点，连痕迹都找不到。"Q博士得出结论。

大家急忙放弃了"进入蟹状星云"这个傻瓜一样的想法，一路向前飞去。

"大家看，我们遇到了神奇的'双极星云'！"Q博士兴奋地喊道。

独特的双极星云

双极星云是行星状星云的一种，其特征是有着独特的波瓣。它们的形状类似沙漏或蝴蝶，像幽灵般围绕在恒星周围，非常漂亮。

目前还不知道双极星云的确实成因。

前面说到星云和星系，行星都有"血缘关系"，那到底是怎样的一种关系呢？Q博士拉下黑板，要给大家好好讲一讲这些"近亲"的关系。

星云与星系

由于观测工具的限制，历史上，星系曾与星云混为一谈。

星系是由无数的恒星系（当然包括恒星的自体）、尘埃（如星云）等组成的。例如我们所处的银河系，是一个包含恒星、星际气体、宇宙尘埃和暗物质，并且受到重力束缚的大质量系统。从只有数千万颗恒星的矮星系到上兆颗恒星的椭圆星系，它们全都环绕着质量中心运转。大部分的星系都有数量庞大的多星系统、星团以及各种不同的星云。历史上，星系是依据它们的形状分类的（通常指它们视觉上的形状），比如椭圆星系、漩涡星系、不规则星系等。最普通的是椭圆星系，有着椭圆形状的明亮外观。漩涡星系是圆盘形状的，加上弯曲的旋涡臂。缺乏有条理结构的小星系则会被称为不规则星系。在可以看见的可观测宇宙中，星系的总数可能超过一千亿。星系之间充满了极稀薄的等离子，平均密度小于每立方米一个原子。

多数星系会组织成更大的集团，成为星系群或团，它们又会聚集成更大的超星系团。这些更大的集团通常被称为薄片或纤维，围绕在宇宙中巨大的空洞周围。

椭圆星系   旋涡星系

不规则星系   银河系

星云和恒星

　　根据理论推算，星云的密度超过一定的限度，就要在引力作用下收缩，体积变小，逐渐聚集成团。一般认为恒星就是星云在运动过程中，在引力作用下，收缩、聚集、演化而成的。恒星形成以后，又可以大量抛射物质到星际空间，成为星云的一部分原材料。所以，恒星与星云在一定条件下是可以互相转化的。

　　这时候Q博士说："有一些很有意思的星云，因为离我们太远，无法前去观察。所以只能通过投影来饱饱眼福了。"

　　"在飞船上看星云？"贝贝和多多面面相觑。

晴夜里的星云和恒星

　　夸克船长站在一边，笑眯眯地抽着烟斗说："这是我们神奇飞船上刚配套的神奇投影。"

　　说话间Q博士放出了投影，只见一片光雾喷出来，一个栩栩如生的星云展现在面前，贝贝多多急忙走进这"星云"里，似乎伸手便能触碰到那一颗颗的星星，一团团的云雾。

　　"你们现在身在'上帝之眼'中。"Q博士告诉他们。

上帝之眼

　　欧洲天文学家从浩瀚的太空拍摄
到一个看似目不转睛的"宇宙眼"星
云，称之为"上帝之眼"。从照片上
可以看到，蔚蓝色瞳孔和白色眼球的
四周是肉色的眼睑，与我们的眼睛像
极了。这张壮观的照片是由架设于智
利拉西拉山顶的欧洲南方天文台的一台
巨型望远镜拍摄到的。照片如此清晰，
我们甚至可以在中央"眼珠"里看到遥
远的星系。

　　"上帝之眼"浩瀚无边，它散发

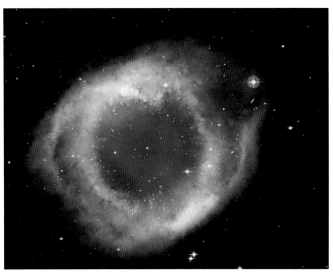

上帝之眼

的光线从一侧到另一侧需要两年半时间。这个星云其实是由距地球700光年的宝瓶座中
央的一颗昏暗恒星吹拂而来的气体和尘埃形成的。业余天文爱好者通过小型望远镜可以
隐约看见它。

　　夸克船长变换了个按钮，"上帝之眼"消失了，"下面是'上帝之唇'星云。"

上帝之唇

　　美国宇航局拍摄到一张暮年恒星形成的星云图像，星云的形状酷似撅起来准备亲吻的嘴唇。这是距地球16 000光年，银河系中最大的天体之一，它是由正在衰亡的一颗恒星在进入暮年后迅速燃烧形成的。它的质量是太阳的35倍，亮度是太阳的100多万倍。

现在，星际飞船将要返航，星云历险就要圆满完成啦，大家对美丽的星云都依依不舍。

"下次还有机会来看更多美丽的星云吗？"贝贝和多多依依

上帝之唇

不舍地问Q博士和夸克船长。

"一定！"

神奇的飞船

——星座和它的传说

◎ 范子倩　王佳易 编著

哈尔滨工业大学出版社
HITP　HARBIN INSTITUTE OF TECHNOLOGY PRESS

图书在版编目（CIP）数据

星座和它的传说 / 范子倩，王佳易编著. -- 哈尔滨：哈尔滨工业大学出版社，2014.6
　（神奇的飞船）
　ISBN 978-7-5603-4217-7

　Ⅰ.①星… Ⅱ.①范…②王… Ⅲ.①星座-少儿读物 Ⅳ.①P151-49

中国版本图书馆CIP数据核字（2013）第198218号

本书由黑龙江省精品工程专项资金资助出版

神奇的飞船——星座和它的传说

策 划 编 辑	甄淼淼
责 任 编 辑	范业婷　张鸿岩
装 帧 设 计	刘长友
出 版 发 行	哈尔滨工业大学出版社
地　　　址	哈尔滨市南岗区复华四道街10号
邮　　　编	150006
网　　　址	http://hitpress.hit.edu.cn
传　　　真	0451-86414749
印　　　刷	哈尔滨市工大节能印刷厂
开　　　本	889mm×1194mm　1/24
印　　　张	9.75
字　　　数	175千字
版　　　次	2014年6月第1版
印　　　次	2014年6月第1次印刷
书　　　号	ISBN 978-7-5603-4217-7
印　　　数	1～2000册
定　　　价	88.00元（共十册）

内容简介

你有没有在晴朗的夜空，面对漫天繁星，将那些明亮的星星连接起来，勾勒出各种图形，为它们命名？本书将带领小朋友们认识星座、观察星座，在增长见识的同时，激发自己的求知欲望，从小树立远大的目标，做一个有理想、有目标的人。

本书内容生动、有趣，既适合学龄前儿童与家长亲子共读，又适合7~12岁儿童自主阅读。

目录　CONTENTS

多多和贝贝正凑在一起认真地研究着什么。Q博士走过去问："你们在看什么呢？"他们把一本书递到了Q博士眼前，Q博士一看——《十二星座大指南》。

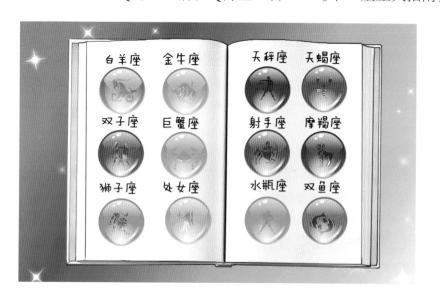

博士看了看，笑着说："这是人们按照出生日期给自己划分的星座，这是不科学的，只是为了好玩而已。宇宙中星座的划分，可大有讲究呢。走，去外面，让你们见识见识什么才是真正的星座。"

"真的吗！太棒了！我终于可以看到真正的十二星座了。双子座在哪里？我要看双子座！"贝贝兴高采烈地说。

"你为什么对双子座那么感兴趣？"博士很费解。

"因为我就是双子座的啊。"贝贝开心地说。

"观测星座之前，你们应该先了解什么才是真正的星座。"Q博士补充道。

Q博士课堂

　　星座的定义：为了观测和研究方便，人们按恒星的自然分布将天空划分成很多个区域，每个区域叫作一个星座。用线条连接同一星座内的亮星，形成各种图形，根据其形状，分别以近似的动物、器物命名。人类肉眼可见的恒星有近六千颗，每颗均可归入唯一一个星座。每个星座可以由其中亮星构成的形状辨认出来。基本上，将恒星组成星座是一个随意的过程，在不同的文明中有由不同恒星所组成的不同星座——虽然部分由较显眼的星所组成的星座，在不同文明中大致相同，如猎户座及天蝎座。国际天文学联合会用精确的边界把天空分为88个正式的星座，使天空中每颗恒星都属于某一特定星座。

　　没有人知道人类从什么时候开始有了星座的概念，而且不同地域的文明中，星座的起源也不同。

西方古代星座

西方星座起源于四大文明古国之一的古巴比伦。据说，现在所谓的黄道12星座等总共有20个以上的星座名称，在约5 000年以前就已诞生。此后，古代巴比伦人继续将天空分为许多区域，提出新的星座。在公元前1 000年前后已提出30个星座。古希腊天文学家对古巴比伦的星座进行了补充和发展，编制出了古希腊星座表。公元2世纪，古希腊天文学家托勒密综合了当时的天文成就，编制了48个星座，并用假想的线条将星座内的主要亮星连起来，把它们想象成动物或人物的形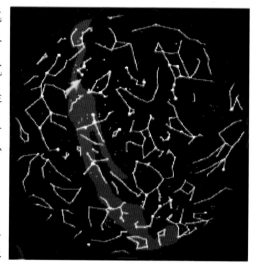象，结合神话故事为它们起出适当的名字，这就是星座名称的由来。希腊神话故事中的48个星座大都居于北方天空和赤道南北。

中国古代星座

中国很早就把天空分为三垣二十八宿。三垣是北天极周围的3个区域，即紫微垣、太微垣、天市垣。二十八宿是在黄道和白道附近的28个区域，即东方七宿，南方七宿，西方七宿，北方七宿。

天文学领域中，天球是一个想象的旋转的球，理论上具有无限大的半径，与地球

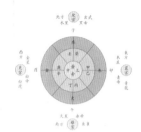

同心。天空中所有的物体都想象成是在天球上。

天文学把太阳在天球上的运动轨迹，既太阳在天空中穿行的路径的大圆，称为"黄道"，也就是地球公转轨道面在天球上的投影。

白道是月球绕地球公转的轨道平面与天球相交的大圆。

现代星座确定

1928年国际天文学联合会正式公布国际通用的88个星座方案。同时规定以1875年的春分点和赤道为基准。根据88个星座在天球上的不同位置和恒星出没的情况，又划成五大区域，即北天拱极星座（5个）、北天星座（40°～90°，19个）、黄道十二星座（天球上黄道附近的12个星座）、赤道带星座（10个）、南天星座（-30°～-90°，42个）。

北天拱极星座（5个）包括：小熊座（最靠近北天极）、大熊座、仙后座、天龙座和仙王座。

北天星座（19个）包括：蝎虎

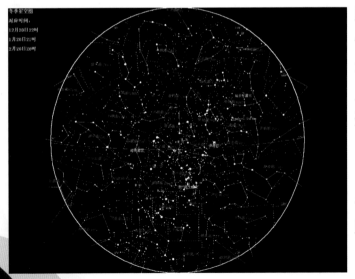

座、仙女座、鹿豹座、御夫座、猎犬座、狐狸座、天鹅座、小狮座、英仙座、牧夫座、武仙座、后发座、北冕座、天猫座、天琴座、海豚座、飞马座、三角座（小星座）和天箭座（小星座）。 黄道十二星座（12个）包括：巨蟹座、白羊座、双子座、宝瓶座、处女座、狮子座、金牛座、双鱼座、摩羯座、天蝎座、天秤座和人马座。

赤道带星座（10个）包括：小马座、小犬座、天鹰座、蛇夫座、巨蛇座、六分仪座、长蛇座、麒麟座、猎户座和鲸鱼座。

南天星座（共42个）包括：天坛座、绘架座、苍蝇座、山案座、印第安座、天燕座、飞鱼座、矩尺座、剑鱼座、时钟座、杜鹃座、南三角座、圆规座、蝘蜓座、望远镜座、水蛇座、南十字座（小星座）、凤凰座、孔雀座、南极座、网罟座、天鹤座、南冕座、豺狼座、大犬座、天鸽座、乌鸦座、南鱼座、天兔座，船底座、船尾座、罗盘座、船帆座、玉夫座、半人马座、波江座、盾牌座、天炉座、唧筒座、雕具座、显微镜座和巨爵座。

在贝贝的不依不饶下，Q博士只好先介绍起了双子座。

双子座

双子座是黄道带星座之一，在全天88个星座中，面积排行第三十位。每年1月5日子夜双子座中心经过上中天。纬度变化位于+90°和-60°之间可全见。

天子午圈又称子午圈，是通过天球极轴和铅垂线的平面在天球上所截出的大圆，也可以说是通过天极和天顶的大圆。天体过天子午圈叫"中天"，天体每天两次过中天：位置最高（地平高度）叫上中天；位置最低叫下中天。

双子座的西边是金牛座，东边是比较暗淡的巨蟹座。御夫座和非常不明显的天猫座位于它的北边，麒麟座和小犬座位于它的南边。

双子座有两颗非常亮的星——北河三和北河二，其他的星都比较暗。

多多笔记

1781年，英国天文学家威廉·赫歇尔和他的妹妹卡罗琳·赫歇尔在双子座附近发现天王星。1930年，美国天文学家汤博在双子座附近发现冥王星。美国的双子星座计划就是以双子座来命名的。

狮子座

狮子座，黄道带星座之一，在全天88个星座中，面积排行第十二位。每年3月1日子夜狮子座中心经过上中天。

狮子座位于处女座与巨蟹座之间，北面是大熊座和小狮座，南边是长蛇座、六分仪座和巨爵座，西面是后发座。狮子座是一个明亮的星座，在春季星空中很容易辨认。

贝贝猜想

　　狮子座的设立已经有数千年的历史。现在普遍认同的说法是：在4 000多年前的古埃及，每年仲夏节太阳移到狮子座天区时，尼罗河的河谷就有大量狮子聚集乘凉喝水，狮子座因此得名。

@博士讲堂

　　每年11月中旬，尤其是14、15两日的夜晚，在狮子座附近，会有大量的流星出现，这就是著名的狮子座流星雨。早在公元931年，我国五代时期就已记录了它极盛时的情景。

美丽的狮子座流星雨

　　这时候多多问道："博士，这些星座是固定不变的么？它们会不会也像地球一样，有自转公转，一刻不停地在运动呢？"

Q博士说道："这个问题问得很好。恒星们都是在做着天体运动的，那作为恒星合集的星座，肯定也有它们自身的运动规律。"

星座的运动

星座看起来随着天球运动是由于地球自身的运动引起的，其中对星空变化较为显著的是地球的自转和公转。由于地球自转，星空背景每天绕天轴转动一圈；星空也随着季节的变化而缓慢变化，经过一年之后，星空与一年之前的星空几乎一致。地球自转的旋转轴还有一个称作进动的长周期运动，其周期大约为25,765年。这种运动引起北极点在恒星背景中的周期性漂移，这在天文学上称为岁差。在短时期内对星座的粗略观测可以忽略这种运动。

恒星都在做着高速移动。恒星的运动都可以分解为两者连线方向的径向速度和与之垂直的自行，其中自行会改变恒星在星空中的视位置。由于恒星距离地球太远，一般可以认为恒星在天穹上的位置是固定的。

由于太阳和行星相对于地球的视位置与天球上的背景恒星的位置不固定，它们周期性地穿越黄道上的十三个星座。在占星学上，往往会以"水星位于天蝎座"的方式描述。但是占星学上的黄道只有十二星座，并且是均分的。

"博士，你是哪个星座的呀？"贝贝问道。

"我对你们口中给人划分的十二星座可没什么研究。"Q博士推推眼镜说。

"你的生日是哪天，我马上就帮你查出来啦。"贝贝说着翻开了那本《十二星座大指南》。原来我们的Q博士竟然和大名鼎鼎的科学家爱因斯坦同一天生日呢。

双鱼座

双鱼座是黄道星座之一，面积为889.42平方度（在半径为R的球体上，取面积为$\frac{\pi R \times \pi R}{180 \times 180}$，它对圆心的夹角是一平方度），占全天面积的2.156%，在全天88个星座中，面积排行第十四。双鱼座每年9月27日子夜中心经过上中天。双鱼座中亮于5.5等的恒星有50颗，最亮星为右更二（双鱼座η），视星等为3.62。现在的春分点位于霹雳五（双鱼座ω）附近。纬度变化位于+90°和−65°之间可全见。

无论是肉眼能看到的星星还是用天文望远镜观测到的天体，星星的亮度都不相同，视星等用来表示宇宙中肉眼可见星星的亮度，数值越小亮度越高，反之越暗。但是，看起来不突出的、不明亮的恒星，并不一定代表它们的发光本领差，因为每颗星的距离与我们都不一样。

双鱼座的最佳观测时间为11月的晚上9点。双鱼座最容易辨认的是两个双鱼座小环，特别是紧贴飞马座南

面由双鱼座β、γ、θ、ι、χ、λ等恒星组成的双鱼座小环。另一个双鱼座小环位于飞马座东面，由双鱼座σ、τ、υ、φ、χ、ψ1等恒星组成。

这个星座中有一个梅西耶天体：M74，位于双鱼座最亮星右更二附近。 在天球上，黄道与天赤道存在两个交点，其中黄道由西向东从天赤道的南面穿到天赤道的北面所形成的那个交点，在天文学上称之为"春分点"，这个点在天文学上有着极为重要的意义。

M74：一般认为它是最暗的梅西耶天体之一，是一个正面朝向地球的Sc型漩涡星系。使用6英寸（15厘米）或更大望远镜可见，它有一个明亮的核，外层是一团很暗的环状云雾。

双鱼座的神话故事

希腊神话中双鱼座代表的是阿佛洛狄忒和厄洛斯在水中的化身。

阿佛洛狄忒为了逃避大地女神盖亚之子巨神提丰攻击而变成鱼躲在尼罗河（一说幼发拉底河）。之后她发现忘记带上自己的儿子厄洛斯一起逃走，于是又上岸找到厄洛斯。为防止与儿子失散，她将自己和儿子的脚绑在一起，随后两人化为鱼形，潜进河中。事后宙斯将阿佛洛狄忒首先化身的鱼提升到空中成为南鱼座，而她和厄罗斯化身的绑在一起的两条鱼则称为双鱼座。

白羊座

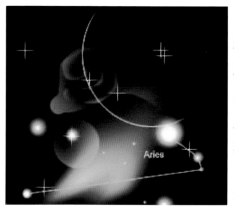

白羊座是黄道第一星座，位于金牛座西南，双鱼座的东面。每年12月中旬晚上八九点钟的时候，白羊座正在我们头顶。秋季星空的飞马座和仙女座的四颗星组成了一个大方框，从方框北面的两颗星引出一条直线，向东延长1.5倍的距离，就可以看到白羊座了。其中有两颗最明亮的星星就是白羊座的两只角。

白羊座虽然不起眼，但它也是黄道星座，所以在天文学上，它的地位还是很重要的。2 000年以前的春分点就在白羊座，现在的春分点已经移到双鱼座。每年一般4月18日到5月14日太阳在白羊座中运行，黄道上的谷雨和立夏两个节气点就在这个星座。

白羊座是一个很暗的小星座，里面只有紧挨着的亮度为2等的α星和2.6等的β星稍微显著些。星座中主要的三颗星排列的形状像是一把老式手枪，从秋末直到春天来到，它总在天空中闪

烁着微光。

白羊座的三颗主星 α 、β 、γ 组成钝角三角形结构，在没有光污染时非常容易辨认，但它的其他恒星都很黯淡，不易分辨。

白羊座的神话故事

关于白羊座的传说很多，其中一个传说是这样的——

在一个古老的国度中，国王和皇后因性格不和而离婚，国王另娶一名女子并将其立为皇后，可惜这位新皇后天生善妒，无法忍受国王对前妻所留下的一双子女的百般疼爱，于是酝酿起了邪恶的阴谋。春天到了，又到了播种耕种的季节，新皇后将炒熟了的麦子送给很多不知情的农夫作为种子。已经熟透了的麦子，无论怎样浇水、施肥，都无法发出芽来。被蒙在鼓里的农夫，百思不得其解。就在此时，新皇后散播谣言：麦子之所以无法发芽，是因为这个国家受到了诅咒，而受到诅咒全都是因为王子和公主的邪恶念头，引起了天怒，导致天神对国家的处罚。个性淳朴的农民们一听，天啊！这还得了！因为邪恶的王子和公主，大家都将陷于贫穷饥饿的深渊中，这是一件多么可怕的事情！很快地，不论男女老少，都一致要求国王将王子与公主处死，平息天怒。国王虽心有不舍，但为了平息众怒，只好无奈地答应了人们的要求，准备将公主与王子处死。这个消息传到了王子与公主的生母耳中，她又惊又怕，赶紧向伟大的天神宙斯求助。宙斯当然知道是新皇后搞的鬼，于是就在行刑的当天，天空中突然出现一只有着金色长毛的公羊，将王子和公主救走，就在飞过大海的途中，这只公羊一不小心，让妹妹摔入海中淹死了。为此宙斯将这只公羊高挂在天上，成为了大家所熟知的白羊座。

徜徉在这几个美丽的星座中，大家都爱上了这些形态各异的星座。贝贝最爱属于自己的双子座，多多最爱属于自己的狮子座。

Q博士这时候说："要考考你们了！下次你们能一眼就分辨出这些星座到底在哪儿吗？该怎么分辨？"

星座的识别

星座在很久以前就被水手、旅行者当作识别方向的重要标志。随着科技的发展，星座用于方向识别的作用逐渐减弱，但是航天器还是通过识别亮星来确定自身的位置和航向。对于天文爱好者来说，星座的识别往往是对于亮星的识别。在北半球，小熊座的北极星是在星空中确定方向最重要的依据。从天球坐标系可以看出，北极星的高度是与当地的纬度一致的。但实际上由于北极星并不明亮，人们通常使用北斗七星来寻找北极星，从而确定方向。把北斗的勺柄（β到α）延长5倍便能找到北极星。在精度要求不高的情况下，可以认为北极星所在的方向即北方。在北半球低纬度地区，北斗星会落入地平线以下，此时可以根据与北斗七星相对的、呈"M"（或"W"）状的仙后座来确定北极星的位置。一旦识别出北极星和其他任何一颗恒星，整个星空就完全可以通过恒星的相对位置来识别。为了便于记忆，人们通常通过北斗七星延长的斗柄来寻找牧夫座的大角（牧夫座α）、处女座的角宿一（处女座α）。在不同的季节，也可以通过其他星空中显著的特征定位，如冬季可以通过明亮的猎户座轻而易举地找到双子座、大犬座、小犬座、金牛座、御夫座，甚至狮子座；秋季时可以通过飞马座的秋季四边形从而找到仙女座、英仙座、南鱼座等；而夏季大三角则是星空中最容易找到的特征，此时可以找到天鹅座、天琴座、天鹰座、人马座、天蝎座、天龙座等。南天极附近的星座则比较零散，分布着很多面积较小的星座，亮星也很少，很多区域甚至没有较亮的星，认识起来相对困难一些。另外南天极也没有像北极星那样的指示星，因此南天极常常靠南十字座的十字架一（南十字座γ）和十字架二（南十字座α）延长约4.5倍来确定。同时半人马座的南门二（半人马座α）和马腹一（半人马座β）、船底座的老人星（船底座α）、波江座的水委一（波江座α）都是识别南半球星座的重要依据。

"小熊座好像是一个十分特别的星座啊，对人们的识路定位起着很重要的作用。"听完上面Q博士的介绍，多多说道。

小熊座

把小熊座中的七颗亮星连接起来，能构成与大熊座的北斗七星相类似的一个斗形，因此这七颗星也被称作小北斗七星。在斗柄开始处是小熊座 α ，它是目前的北极星，指示着北天极。

把星图中的主要亮星连起来，与其说构成了一只小熊的形象，倒不如说是小北斗的样子。小熊座的这个"北斗"比大熊座的北斗小很多，而且远不像北斗星那么引人注目。

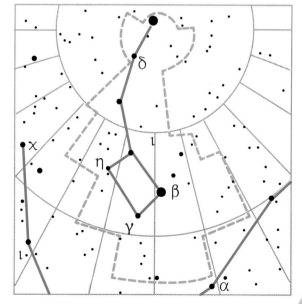

怎样找到小熊 α 星？

地球的自转轴在天空中的位置是很稳定的，因此人们把地球自转轴在空中所指的方向定为南和北。北极星恰恰就在地球自转轴的方向，所以古时人们在大海中航行，在沙漠、森林、旷野上跋涉，总是求助于它来指示方向。人们因此非常景仰它，我国古时甚至将它视为帝王的象征。就是在科技高度发达的今天，北极星在天文测量、定位等许多方面仍然有着非常重要的应用。其实，北极星并不正好在北极点上，它和北极点还有一定的距离， 只不过再没有别的星比它更接近北极点了，所以它就近似地

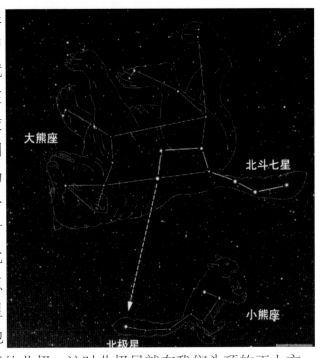

被人们视为北极点。如果我们站在地球的北极，这时北极星就在我们头顶的正上方。在北半球其他地方，人们看到北极星永远在正北方的那个位置上不动。而且，由于地球的自转和公转，北天的星座看上去每天、每年都绕北极星转一圈。尤其是北斗，勺口指向北极星，并绕着它旋转，不知倦怠，永不停歇。我国古人对此大有感触，在《易经》中写下了"天行健，君子自强不息。"这样意味深长的话。

小熊座 α 星是北天星空的主要亮星之一。由于小熊座 α 星在全天各亮星中距离北天极最近，因此它就是著名的"北极星"。北极星也是一颗变星，目视星等为1.95~2.04等。它还是一颗三合星，距离约400光年。从北斗斗口的两颗星天枢（大熊座 α 星）和天璇（大熊座 β 星）向北引一条直线，延长到距离它们五倍远的地方，有一颗不很亮的星，这就是著名的北极星。另外，从仙后座也可以找到北极星：先找出仙后座 ε 星

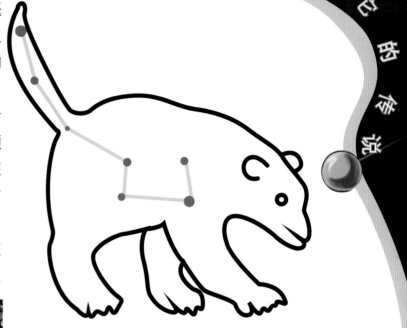

（阁道二）与 γ 星（策）的中点，再连接仙后座 δ 星（阁道三）和这个中点，一直向北延伸，同样可以找到北极星。

小熊座 β 星也是北天星空的主要亮星之一，它与 γ 星（太子）同位于小熊座中"小北斗"的勺口，因此被合称为"护极星"。

怎样简便易行地迅速分清小熊星座和大熊星座?

大熊星座的柄是往下的,小熊星座的柄是往上的。

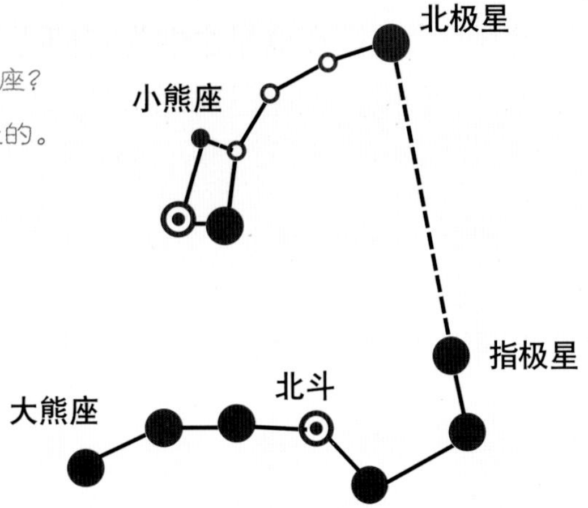

北极星

小熊座

指极星

北斗

大熊座

小熊座的神话故事

小熊座也有一个动人的神话故事。希腊神话中,小熊座代表宙斯的儿子阿卡斯。有一次,宙斯爱上了一个名叫卡里斯托的女人,不久卡里斯托便怀孕生下了宙斯的儿子阿卡斯。知道这件事情之后,愤怒的天后赫拉把卡里斯托化为一只大熊,使她只能在森林里生活下去。过了许多年,卡里斯托的儿子阿卡斯长大了,并成为一名出色的猎手。这一天,阿卡斯在森林里打猎。卡里斯托认出了自己的儿子,忘了自己是熊身的她身不由己地跑向了自己的儿子。但是,阿卡斯并不知道这只可怕的大熊是自己的母亲,便用弓箭瞄准了这只熊。就在这个危险的时候,宙斯将阿卡斯也变成一只熊。

变成熊的阿卡斯认出了自己的母亲，从而避免了一场弑亲的悲剧。后来宙斯又将两只熊一同带到天上，并在众星之中为它们两个安排了位置，这就是大熊座与小熊座。赫拉又选派了一个猎人带着两只凶恶的猎狗，紧紧地追赶在这两只熊的后面。这个猎人就是天上的牧夫座，而他牵着的两只猎犬就是猎犬座。古希腊人看到这只大熊夜夜都在天上徘徊，永远也不落到地平线下面，他们认为这一定又是赫拉的鬼把戏。原来，赫拉派猎人和猎犬去追赶大熊母子俩后仍不善罢甘休，她又来到碧波万顷的大海上，去求海神波赛冬的帮助。海神听信了她的一面之词。因此，我们可以看到，其他星座都有东升西落的现象，总有一段时间沉没到地平线之下，到海神的领地去休息，只有大熊座和小熊座母子俩被排斥在外。不过这倒也好，卡里斯托可以时时守在她的儿子身边，免得赫拉又想出什么坏主意。

◎博士课堂

小熊星座流星雨也曾给人们留下了深刻的印象，曾在过去的60年里至少产生过两次大爆发，分别是1945年和1986年。

"嘀嘀嘀……"飞船突然想起了类似警报的叫声。"怎么了？"大家紧张地问。茫茫的宇宙真是危险，这次的宇宙之行实在是困难重重，状况多多，大家都十分小心，生怕遇到什么事故。

"飞船快没有燃料了。"夸克船长指着操纵盘上的液晶显示管，管中的红色液体已经快要见底了。

"我们还有很多星座想看呢。仙后座，人马座，摩羯座……"贝贝着急地喊。

"贝贝，别任性，现在再继续飞的话，大家可危险了。"多多劝他。

没有办法，大家只好依依不舍地挥别了小熊星座。神奇飞船启程返航。

"补充燃料后，我们可以继续探索其他星座！"夸克船长向大家保证说。

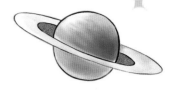

神奇的飞船

——寻找外星人

◎ 范子倩　王佳易 编著

哈尔滨工业大学出版社
HARBIN INSTITUTE OF TECHNOLOGY PRESS

图书在版编目（CIP）数据

寻找外星人/范子倩，王佳易编著. -- 哈尔滨：哈尔滨工业大学出版社，
2014.6
（神奇的飞船）
ISBN 978-7-5603-4217-7

Ⅰ.①寻… Ⅱ.①范… ②王… Ⅲ.①地外生命–少儿读物 Ⅳ.①Q693–49

中国版本图书馆CIP数据核字（2013）第198240号

本书由黑龙江省精品工程专项资金资助出版

神奇的飞船——寻找外星人

策 划 编 辑	甄森森
责 任 编 辑	范业婷　张鸿岩
装 帧 设 计	刘长友
出 版 发 行	哈尔滨工业大学出版社
地　　　址	哈尔滨市南岗区复华四道街10号
邮　　　编	150006
网　　　址	http://hitpress.hit.edu.cn
传　　　真	0451–86414749
印　　　刷	哈尔滨市工大节能印刷厂
开　　　本	889mm×1194mm　1/24
印　　　张	9.75
字　　　数	175千字
版　　　次	2014年6月第1版
印　　　次	2014年6月第1次印刷
书　　　号	ISBN 978-7-5603-4217-7
印　　　数	1～2000册
定　　　价	88.00元（共十册）

内容简介

外星人，一直是人类关心和热议的话题。但是外星人是否真的存在，存在于何处等问题，始终没有答案。本书将带领小朋友们跟随神奇飞船的成员一起探险，寻找外星人，了解外星人存在的条件以及关于外星人存在的各种学说等知识，增长见识，激发自己的科学探索精神以及孜孜不倦的求知欲望。

本书内容有趣、语言通俗，既适合学龄前儿童与家长亲子共读，又适合7~12岁儿童自我阅读。

目录 CONTENTS

多多晚上做了一个奇怪的梦。

他梦见自己独自驾驶着神奇飞船，降落在一颗陌生的星球上。这里有着和他家附近一样的街道和花园，树木一棵棵整齐地立在两边。他好奇地东张西望，忽然跑出来一群蓝色的小人。多多吃了一惊，因为这些人和他长得完全不一样。他们披着斗篷，全身蓝盈盈的，手上只有四个指头。脑袋有多多两个脑袋大。

"你们是谁？"多多害怕地问。

"你是谁？这是我们的家——夸夸星球。我们是夸夸人。"蓝色生物们齐声说。

"把他赶出去……"这时不知谁叫了一声，于是夸夸人气势汹汹地一拥而上，多多害怕极了，大喊起来，这一下他从梦里惊醒了，出了一身汗。

第二天起床，多多仍然心有余悸。他把昨晚梦里的一切告诉了大家。Q博士笑眯眯地说："多多，不用害怕，你梦到的是外星人。"

@博士课堂

外星人是人类对地球以外智慧生物的统称。古今中外一直有关于"外星人"的假想，在各国史书中也有不少疑似"外星人"的奇异记载，但现今人类还无法确定是否有外星人甚至外星生命的存在。

"要想知道一颗星球上是否有外星人，我们必须了解这颗星球是不是拥有适合生命孕育的环境。想一想，地球上哪些条件对我们来说是生存必不可少的呢？"Q博士发问道。

"水。这是我们每天都要喝的。人如果不喝水，三天就会死亡。"多多回答。

"空气。我们每分每秒都要呼吸。如果没有空气，人很快就会窒息而亡。"贝贝说。

"还有……太阳光。如果没有太阳照耀的话，地球将一片黑暗；动物植物都将被冻死。没办法想象没有了太阳人们该怎么生存。"多多补充。

"大家说的很对!"Q博士赞许道："地球上之所以有生命的产生

和存在，是因为地球上有水，有大气，有组成生命物质必要的碳、氢、氧、氮等元素，有适中的地表气温。这些因素彼此关联，互相影响，持续长久地存在，使生命有一个相对稳定的产生、发展、进化的过程。"

生命存在的气温因素

　　适中的地表气温是生命存在的决定性条件之一。如果地球表面温度太高，则由于热干扰太强，原子根本不能结合在一起，碳、氢、氧、氮也就不可能形成分子，更不用说形成复杂的生命物质了；如果地球表面温度太低，分子将牢牢地聚集在一起，只能以固态和晶体存在，生命也无法形成和存在。那么，地球上为什么会有现在这样的适合于生命产生、发展和进化的温度条件呢？

1.日地距离适中

　　地球位于太阳系中，日地平均距离为1.5亿千米。地球距离太阳远近适中，太阳辐射到达地球上的能量使地球表面的广大地区的温度处在0～27℃，这样的温度条件适合生命的产生和发展。

　　水星、金星、火星的组成和密度虽然和地球类似，但因为距离太阳太近或太远，表面温度和地球相差悬殊。如水星和金星距离太阳太近，因此吸收太阳辐射能量要比地球多，表面温度很高，金星表面温度高达465～485℃；而火星距离太阳比地球远，表面温度较低。

地球　------- 1.5亿千米 ------- 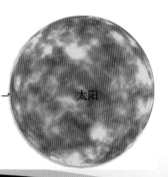 太阳

3

2.地球自转速度较快

地球自转速度较快，昼夜交替周期为24小时。这样既不至于使地表温度因照射时间长而升得过高，又不会因地表散热时间过长而使地表温度降得过低。

3.地球的体积和质量大小适中

地球体积和质量大小适中。如果质量太大会吸引住太多的二氧化碳，而使"温室效应"加剧，气温增高。如果质量太小，则无法吸引足够的空气。

4.大气层的保护作用

地球外围有一层厚厚的大气层，当太阳辐射进入大气层后，太阳辐射中约有19%的能量被大气直接吸收，约有30%的能量被大气反射、散射到宇宙空间，这样到达地面的能量大大减少。如果没有大气层的吸收、反射、散射等保护作用，白天地表温度将比现在增高1倍，以至更高。

5.水的调节作用

地球海洋面积辽阔，占地球表面积的71%。水的比热容大，全球100米厚的表层海水降温1 ℃，它放出的热量就可以使全球大气增温60 ℃。

夏天，太阳辐射强，但因海水是透明的液体，太阳辐射可以传至较深的地方；再者通过潮汐和波浪也可把浅层海水吸收的能量传递到深层。因海水的比热容大，夏天吸收的太阳辐射能量大量地储存在海水中，而不是完全地辐射传递给大气，所以可以让夏天气温不是太高。冬天时，太阳辐射较弱，海水得到的能量较少，但海水夏天储存的太阳辐射能量在冬天辐射出来，使冬天的气温不致过低。这样海洋像一个巨大的空调机，调节着地球表面的温度。

地球上的水可以进行气态、液态、固态三态的转换，可以在海陆间、海上、内陆进行循环，伴随着水循环和水的三态的转化，使能量产生转换和转移。当气温升高时，固态的水就会转变成液态的水，液态的水也会转变成气态的水，这种转化过程中会吸收大量的能量，使气温升得不至过高；当气温降低时，气态的、液态的水就会转变成固态的水，气态的水也会转变成液态的水，从而释放出大量的能量，使气温降得不至过低。

由于以上各种因素的共同作用，使地球表面温度白天不是太高，夜晚不是太低；夏天不是太高，冬天不是太低；间冰期时不是太高，冰期时不是太低；低纬度地区不是太高，高纬度地区不是太低。现在地球表面的平均温度为15 ℃，陆地表面平均温度为22 ℃，适合各类生命物质的生存和发展。

一些科学家认为，外星人肯定存在，但要找到一个像地球这样有生命存在的星球，是很不容易的。有行星不一定就有生命；有生命不一定就有高等生命，它要求行星到母恒星的位置必须恰到好处。根据这样的条件，在银河系中，大约只能有100万颗行星存在形成生命的可能。除此之外，这些行星上还必须有形成生命的一系列条件，包括水、氧气和各种化学元素。

到底有没有外星人？

"原来我们的地球拥有这么优越而又精准的条件，我们才能诞生！"多多感叹道。

"是啊，那么外星人想要诞生，原理应该是一样的。"Q博士说。

智慧生物的诞生要求恒星必须至少能在约50亿年时间内稳定地发出光和热。恒星的寿命与质量大小密切相关。大质量恒星的热核反应只能维持几百万年，这对于生命进化来说是远远不够的。只有类似太阳质量的恒星才是合适的候选者，银河系内这样的恒星约有1 000亿颗。

恒星是否都有行星呢？遗憾的是我们对其他行星系统所知甚少，但确实已通过观测逐步发现一些恒星周围可能有行星存在。

有行星也不等于有生命，更不等于有高等生物。关键在于行星到母恒星的距离必须恰到好处，远了近了都不行。太阳系有八大行星，但有条件形成生物的只有地球。金星和火星位于生态圈边缘，现已探明在它们的表面都没有生物。对于一颗行星来说，能具有生命存在所必须满足的全部条件实在是十分罕见的。太阳系中地球是独一无二的幸运儿。详细计算表明，在400亿颗恒星中，充其量也只有100万颗周围有能使生命进化到高级阶段的行星。另一个限制条件是地外生命应该与地球上生命有类似的化学组成。天文观测表明，银河系中有100万颗行星上有与地球生命诞生相似的分子结构，不过每颗行星上的生命应当处于不同的进化阶段。

"说到现在，那么到底有没有外星人呢？"多多急不可耐地向Q博士发问。

"这个问题，恐怕目前没有人能回答你！"Q博士忍不住笑起来。

外星人早已存在？

外星人的报道时常见诸报端，很多人声称见过飞碟，甚至见过外星人，同时他们也拍到了各种各样的有关飞碟的照片。这一切到底是真是假，外星人真的存在么？

据自称见过外星人的人们描述，他们所见到的外星人大多是一些个子矮小，脑袋圆大、身穿紧身衣的类人生物。

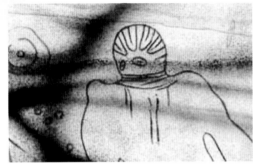

沙漠壁画

复活节岛巨人建筑

一些人则热心于寻找外星人在古代留下的痕迹。他们认为撒哈拉沙漠壁画上人物的圆形面具、复活节岛和南美的巨石建筑以及金字塔等种种无法解释的历史奇迹都与外星人有关。

还有的学者提出人类是外星人的后裔，或人类中的一些民族（如玛雅人）是外星人与地球人的后裔等观点。但这些也只能作为猜测和假说，其中大多数仍缺少足够的证据。

对于目前外星人的存在情况，科学家们提出了种种可能的设想，这些设想很大胆，现在看来也很离奇，但是谁又能责怪人类的想象力呢，也许这些幻想有一天会变成客观的存在。

如果我们为银河系有100万颗行星上有与地球生命诞生相似的分子结构感到欢欣鼓舞，认为找到外星人不成问题的话，那就高兴得太早了。对于地外高级生物，只有当能同他们建立联系时才有意义。就人类目前的认识来看，无线电信号是建立这种联系的唯一可行的途径，因而必须进一步探讨有多少个行星上居住了有能力发送这种信号的文明生物。如果他们从存在以来一直在发送这种信号，那就应该有100万个正在进行无线电发送的行星。但事实上地球人类在100多年前也还没有这种能力。另一方面，技术已遭到破坏，以及本身已遭到毁灭的生命形态也是不会这样做的。

请不要忘记，差不多在能发射无线电信号的同时，人类也研制成了大规模杀伤性武器，它们足以把地球上全部生物彻底毁灭掉。外星人会不会被失去理智的战争狂所支配而毁掉自己呢？这种可能性也不能完全排除。

让我们又一次乐观地认为外星人在和平繁荣的环境中生活了100万年。由于科学技术极为发达，生活十分富裕，他们必然会想到、也完全有能力耗费巨资来试图同外部世界同类建立联系。他们在100万年内不停地向外界发送强有力的无线电信号。这么一来在上述100万颗行星中，就有一小部分正在发播这种信号，这部分所占的比例是100万年除以40亿年，即0.025%。

这意味着目前正在发送信号的只有250颗。如果它们均匀地分布在银河系中，则相邻两颗之间的距离约为4 600光年。地球人类发出的信号要经过4 600年才能送到离我们最近的外星人那儿。如果他们能够收到并随即发出回答，那要收到他们的回音我们还得再耐心地等上9 200年！

要是更实际一点，想想人类有历史记

载的只有4 000年。如果外星人只是在4 000年长的时间内有能力进行无线电发播，那么今天在向外界播发信号的就只有一颗行星！于是，整个银河系中除地球外充其量也就再有一种文明生物在发送信号，我们用射电望远镜在银河系内留心倾听这种信号的种种努力就完全是徒劳的！那么实际情况同这里所估计的会有多大差异？上面的讨论中有许多不确定因素。每颗恒星周围都有行星吗？生命是否只能在地球这样的环境下诞生？还有，实际上我们并不知道一种智慧生物到底能生存多久，他们能一直生存下去吗？这些问题恐怕在相当长时间内还无法作出明确的回答。然而原始人又何尝想到今天的大型客机、彩色电视、快速电子计算机和登月飞行呢？只要人类能在和平繁荣的环境中一直生活下去，科学的发展会逐步回答这些问题的。不过就目前来看，外星人即使存在，我们也暂时无法同他们进行有效的联系。所以，把不明飞行物同天外来客的宇宙飞船联系在一起恐怕是不可信的。

外星人无法到达地球？

有科学家认为：地球上之所以还没有外星人，是因为他们在有可能到达地球之前，就被伽马射线杀死了。

贝贝猜想

关于外星人是否存在，有一个很有趣的费米悖论。这个悖论是根据意大利裔物理学家恩里科·费米这位诺贝尔奖获得者的名字命名的。据说费米在20世纪50年代提出了这个悖论，其要点是：如果外星人确实存在，他们在什么地方呢？这个问题之所以具有说服力，是因为它基于我们银河系的两个事实：一是银河系非常古老，已有约100亿年的年龄；二是银河系的直径只有大约10万光年。所以，即使外星人只能以光速的千分之一在太空旅行，他们也只需1亿年左右的时间就可横穿银河系——这个时间远远短于宇宙的年龄。所以，外星人究竟在哪里呢？

美国的安妮斯博士说，外星人尚未到达地球的原因是：直到最近，我们的银河系才为生活于太空中的生命提供了繁荣发展的机会。安妮斯说，直到几亿年以前，我们的银河系还经常受到伽马射线爆发的辐射：恒星碰撞和黑洞都释放出大量致命射线。只是到了现在，这些碰撞才变得稀少起来，外星生命才有可能出现，并从自己居住的行星旅行到相当遥远的地方。

英国科学家保罗·戴维斯则讨论了"生命种源传

科学家费米和他著名的"费米悖论"

播"的假设，即地外智慧生物不一定要用活体来进行星际航行，可以用高智能的机器人携带生命种源（存放在绝对零度环境下）乘宇宙飞船进行生命传播，如此一来即可避免星际航行中宇宙伽马射线、接近光速航行所需的惊人能量以及生命年龄有限的障碍。只要在航行所需能源充足的情况下，这种"生命种源传播"方式即可得到实现，据此推理得出，在宇宙漫长的时间历程里，高智慧生命应该几乎遍布了整个宇宙中适宜生存的行星，并存在着广泛的星际交往，包括地球在内。然而事实上地球并没有接收到外星生命的信息，因此有科学家据此得出结论：外星人之所以迟迟不露面，是因为地外生命并不存在。可见，对地外生命是否存在一说，至今未能统一意见或拿出确切的证实或否定证据。不过，目前外星人研究不再是科幻而是一门前景很广的学科——天体生物学的重要课题。

时空旅行

星际旅行能实现么？

许多人认为时空旅行不可能实现，毕竟星际之间的距离是以光年计算的。可是他们却忽略了一个问题，那就是19世纪中期，科学家认为55千米/小时是人类所能达到的最大极限速度，可是现如今，我们已经远远地把声速抛在了身后，只用了区区不到200年的时间。那么为什么不能在那些可能出现生命体的行星上，有某个种族超越了地球人的智慧，发明并且掌握了星际旅行的方法。也许我们不曾看到过外星高智能生物，但是单凭眼睛和"古老的"科学技术就武断地以为并不存在外星人，未免有失科学严谨的风范。

关于外星人的各种猜想

Q博士继续说道："人类有很多瑰丽的想象，都是关于这些外星智慧生物的。我们来看一看大家都提出了哪些形形色色的猜想吧。"

1.地下文明说

在一些科幻电影里，地球内部存在另一个文明世界。据悉，美国的人造卫星"查理7号"到北极圈进行拍摄后，在底片上竟然发现北极地带开了一个孔。这是不是地球内部的入口？

另外，地球物理学者一般都认为，地球的质量有6兆吨的上百万倍，假如地球内部是实体，那质量将不止于此，因而引发了"地球空洞说"。

一些石油勘探队员声称在地下发现过大隧道和体形巨大的地下人。我们可以设想，地球人分为地表人和地底人，地下王

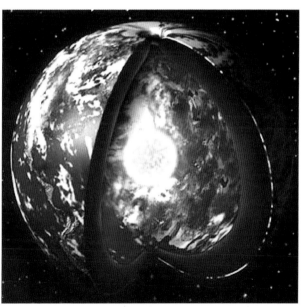

地球内部是空的吗？

国的地底人必定掌握着高于地表人的科学技术，这样，他们乘坐地表人尚不能制造的飞碟遨游空间，就成为顺理成章的事了。这个理论的荒诞在于地球根本不是空心的。所有有关地球空洞的说法全部都是谣言和假新闻。地球是太阳系中密度最大的星体，如果内部真的有个巨大的空洞，地球的质量决不可能达到这个数字。更何况地球拥有很强的磁场，行星强磁场意味着具有一个巨大的铁质核心，这彻底排除了地心空洞的可能。

2.杂居说

这种说法认为，外星人就在我们中间生活、工作！研究者们用一种令人称奇的新式辐射照相机拍摄的一些照片中，发现有一些人的头部周围被一种淡绿色晕圈环绕，可能是由他们大脑发出的射线造成的。然而，当试图查询带晕圈的人时，却发现这些人完全消失了，甚至找不到他们曾经存在的迹象。因此认为外星人就藏在我们中间，而我们却不知道他们将要做什么。

这个理论就如同信徒无法证明神的存在一样，把所有需要证明的部分都推给了不可证明的原因。

3.人类始祖说

有这么一种观点：人类的祖先就是外星人。大约在几万年以前，一批有着高度智慧和科技知识的外星人来到地球，他们发现地球的环境十分适宜居住。但是，由于他们没有带充足的设施来应付地球的地心吸引力，所以便改变初衷，决定创造一种新的人种——由外星人跟地球猿人结合而产生，也就是今天的人类。事实上人类的基因演化是很规律的，并没有大量新型基因在极短时间内爆发性地出现，更重要的是，猿人的存在时间要早得多，数万年前人类早就成形了，如果外星人对此做了什么干涉的话，那应该是在距现在400万年以上的时代，地质年代跨度在200万年以上，这个数字又太大了，决不是高科技的结果。

4.平行世界说

我们所看到的宇宙（即总星系）不可能形成于四维宇宙范围内，也就是说，我们周围的世界不只是在长、宽、高、时间这几维空间中形成的。宇宙可能是由上下毗邻的两个世界构成的，它们之间的联系虽然很小，却几乎是相互透明的，这两个物质世界通常是相互影响很小的"形影"状世界。在这两个叠层式世界形成时，将它们"复合"为一体的相互作用力极大，各种物质高度混杂在一起，进而形成统一的世界。后来，宇宙发生膨胀，这时，物质密度下降，引力衰减，从而形成两个实际上互为独立的世界。换言之，完全可能在同一时空内存在一个与我们毗邻的隐形平行世界，确切地说，它可能同我们的世界相像，也可能同我们的世界截然不同。可能物理、化学定律

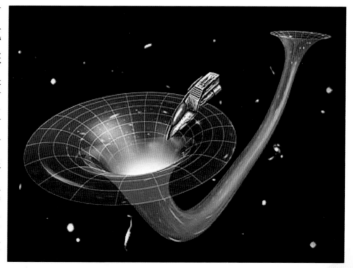

相同，但现实条件却不同。这两个世界早在200~150亿年前就"各霸一方"了。因此，飞碟有可能就是从那另一个世界来的。可能是在某种特殊条件下偶然闯入的，更有可能是他们早已经掌握了在两个世界中旅行的知识，并经常来往于两个世界之间，他们的科技水平远远超出人类。

5.四维空间说

有些人认为，UFO来自于第四维空间。那种有如幽灵的飞行器消失是一瞬间发生的，而且人造卫星电子跟踪系统根本就跟踪不到。

可以认为，UFO上的人在玩弄时空手法，可以形成某些局部的空间曲度，这种局部的弯曲空间在与之接触的空间中扩展，完成这一步后，另一空间的人就可到我们这个空间来了。正如各种目击报告中所说的那样，具体有形的生物突然之间便会从一个UFO近旁的地面上出现，而非明显地从一道门里跑出来。对于这些情况，上面的说法不失为一种解释。这两个理论的荒诞在于，现在已经证明除了二维和三维空间，其他所有的维度都卷曲得厉害。

6.未来生命说

有些科学家认为，现在所谓的外星人，即为人类世界的未来人。有数据表明，人类在近百年来进化程度比原始时期更加迅速。我们也不能否认，也许当人类进化到几亿年以后，就成为今天所说的外星人的模样，并且掌握了穿越时空的技术，来到现在的人类世界。

神秘的外星人事件

贝贝和多多听得津津有味。这时候夸克船长走了进来。

"在谈论什么，外星人么？"夸克船长问道。

"是呀是呀。船长，您驾驶神奇飞船这么长时间，做过那么多次星际旅行，到底有没有见过外星人啊？"多多着急地问。

船长神秘地一笑："我倒是没有亲眼见过。但是我听我的朋友们说起过不少外星人事件呢。"

1.51区

相传，51区是美国政府存放和研究外星人身体和飞机的地方，其中包括坠毁在罗斯韦尔的外星人飞船和外星人的尸体。一些人甚至说，这里是得到正式批准的外星人飞船着陆基地。

2.大金字塔

科学无法解释埃及"大金字塔"是如何建造的，无法对它们排列和设计得如此完美作出合理解释。有人认为，数千年前外星人在建造这些宏伟建筑物时扮演了一个重要角色。

3.飞碟坠毁事件

1947年7月8日，美国新墨西哥州罗斯维尔的《每日新闻报》刊出一条耸人听闻的消息："空军在罗斯维尔发现了坠落的飞碟。"这条新闻马上被《纽约时报》等各大报刊转载，然后迅速传遍世界。

这条消息像一枚重磅炸弹，在美国公众中引起轩然大波。人们从四面八方奔向美国南部的新墨西哥州。在距罗斯维尔20千米外的一片牧场上，蜂拥而至的人流受到一排排铁栅栏和一队队荷枪实弹的士兵们的阻拦……与罗斯维尔外星飞碟坠毁事件相应的，在距满布金属碎片的布莱索农场西边5千米的荒地上，一位土木工程师发现一架金属碟形物的残骸，直径约9米；碟形物裂开，有好几个尸体分散在碟形物里面及外面地上。这些尸体体型非常瘦小，身长仅100~130厘米，体重只有18千克，无毛发、大头、大眼、小嘴巴，穿整件的紧身灰色制服。当日军队马上进驻发现残骸的两地，封锁现场。

4.动物神秘死亡

外星人并没有绑架人类，也没有在人身体中植入一些奇怪的东西，更没有在农田里留下麦田怪圈，但外星人却到地球来宰杀家畜。自20世纪70年代以来，数百具动物尸体被发现，而且这些动物死亡事件具有无法解释的特点，比如，体内没有了血，器官被用"精确手术"摘除等。

贝贝猜想

与外星人联系是否危险？

著名物理学家霍金曾经语出惊人称，最好不要主动与外星人联系。2010年4月26日，英国著名物理学家和数学家斯蒂芬•霍金在一部播出的纪录片中说，外星人存在的可能性很大，但人类不应主动寻找他们，应尽一切努力避免与他们接触。

"真正的挑战是弄明白外星人长什么样，"霍金说。在他看来，外星生命极有可能以微生物或初级生物的形式存在，但不能排除存在能威胁人类的智能生物。

"我想他们其中有的已将本星球上的资源消耗殆尽，可能生活在巨大的太空船上，"他说，"这些高

级外星人可能成为游牧民族，企图征服并殖民所有他们可以到达的星球。" 霍金认为，鉴于外星人可能将地球资源洗劫一空然后扬长而去，人类主动寻求与他们接触"有些太冒险"。 "如果外星人拜访我们，我认为结果可能与克里斯托弗·哥伦布当年踏足美洲大陆类似。那对当地印第安人来说不是什么好事。"

美国历史学家尼尔认为：在地球上，强大的（即比较发达的）文明总是控制比较弱小的文明。他认为当与科技水平大大地超过我们的地外文明建立联系时，他们可能会"压制"我们的文明，直到它被溶化在更高的文明中为止。 然而，中国数学家和语言学家周海中在1999年发表的论文《宇宙语言学》中指出：这类担心是完全没有必要的，因为只要是高级智慧生命，他们的理智在决定着他们必须有分寸地对待一切宇宙智慧生命体，所以外星人与地球人将来是能够和平共处、友好合作和共同发展的。看来，地球人与外星人联系是否危险的问题还会争论下去。

寻找地外生命

作为探索宇宙奥秘工作的一部分，科学家也在积极地探索地球以外的生命，并在积极地搜寻有没有外星人的信息。这种科学探索早在20世纪50年代就开始了。1959年，科可尼和莫里森两人合写了一篇文章，登在英国著名的《自然》杂志上。文章说根据他们的计算，如果宇宙中别的地方有智慧生命，而且它们的科学水平和我们1959年的水平相当。那么，它们应该可以收到地球人发射的无线电信号。同样，如果它们想向我们发射无线电信号，我们也可以收到。尽管距离极其遥远，需要几千、几百年才能交谈一句话，但是毕竟是可以交流的。

这篇文章大大地激发了人们探测地外文明的热情，增强了人们的信心。因为它告诉我们，只要有外星人，只要外星人的科技水平和我们差不多，我们之间就可以互相交流。这篇文章是科学地探测外星人的开始。人类已经在地球上生活了大约两三百万年。从前，人类以为自己是万物之灵，宇宙间唯一有智慧的生命，甚至认为地球是整个宇宙的中心。后来，随着科学技术的进步，人们的眼界开阔了，才懂得宇

宙的广大无边，它远远超越了我们的想象，而地球实在是太小了。于是人们想象：宇宙这样宽阔，或许其他星球上会生活着一种与人类相似的智慧生物——外星人。这样的想法深深地吸引了一些热衷于寻找外星人的人们。

16世纪，有人用望远镜观测火星时，发现了许多互相交错的网纹，便以为那是"火星人"开凿的"运河"。1935年，美国一家电台广播说火星人来到了地球，引起了一场虚惊。而英国一位作家创作了一本名为《大战火星人》的科幻小说，其中对火星人作了许多绘声绘色的描述，更引发了一系列有关"火星人"的小说和电影的诞生。

到底有没有火星人？在只有望远镜的时代，它一直是个谜。到了20世纪60年代，探测飞船终于上到了火星，解开了这个一直困扰人们的谜：火星比地球冷得多，表面到处是泥土石块，经常狂风大作，飞沙走石，上面没有任何生物，当然更没有火星人。这个谜解开以后，天文学家进一步分析认为：在太阳系里，除地球外，其他行星都没

有生物生存所必须的环境条件。因此，地球上的人类是太阳系里唯一有智慧的生物，要找外星人，必须到太阳系之外。1972年，美国发射了"先驱者十号"飞船，它于1987年飞出了太阳系，飞船上的金属片刻画了人类的形象、人类居住的地球以及太阳系的位置。1977年，美国的"旅行者一号"又给外面的世界带去了更丰富的信息，包括一部结实的唱机和一张镀金的唱片，唱片上收录了几十种人类语言和多首音乐作品（其中有中国的古曲）。人们热切地期望外星人会收到它。1977年9月5日发射的"旅行者一号"太空探测器，是人类第一次以科学的方法尝试联系外星人。虽然科学家鉴于星球间存在着巨大的距离，认为即使有外星人，也不可能飞抵地球，但他们并未否定外太空存在生命的可能。为了和外星人取得联系，科学家们甚至还制造了庞大复杂的设备，试图向外星发射信息和接收来自外星的信息。但是，经过了许多努力，人们依然没有找到外星人。一些见到外星人的说法也仅仅是传说，难以得到有力的证实。

值得一提的还有飞碟。许多人看到了它，也猜想它就是外星人驾驶的飞船，可这也仅仅是一种猜想而已。那么，到底有没有外星人呢? 科学家分析，宇宙间像地球这样的行星肯定还有很多，某些与地球环境相似的行星确实很可能有外星人，但是由于我们的航天、通信技术尚未足够发达，要找到外星人还必须加倍努力才行。

听了这么多关于外星人的有趣故事，了解了很多关于外星人的科学知识，大家都受益匪浅。虽然每个人都很急切地想要知道到底有没有外星人，他们在哪里，但现在说什么都为时尚早。浩瀚的宇宙，未解之谜实在太多太多，那些没有答案的秘密，正藏在每一颗星星后面，一闪一闪向我们微笑呢。

最后，Q博士放了一部关于外星人的电影。可能只有在电影世界和文学作品中，"外星人"这三个字才真实到能被所有人感知。小朋友，我们一起去看看吧。

Q博士课堂

电影《E.T.》的主人公艾尔特是一个孤单的小男孩，他生长在美国加州的一个单亲家庭，有一天他碰到一个来自外太空的外星人，他发现这个长相滑稽古怪的外星人不但心地善良，而且聪明睿智，于是他便决定帮助他称为"E.T."的外星人和他的星球联络，并且协助他逃过科学家和政府单位的追捕，安全地把他送回家。他们就此展开一场连他们自己都想像不到的冒险之旅。

神奇的飞船

——一起去看流星雨

◎ 范子倩　王佳易 编著

哈尔滨工业大学出版社
HARBIN INSTITUTE OF TECHNOLOGY PRESS

图书在版编目（CIP）数据

一起去看流星雨／范子倩，王佳易编著. -- 哈尔滨：哈尔滨工业大学出版社，2014.6
（神奇的飞船）
ISBN 978-7-5603-4217-7

Ⅰ.①一… Ⅱ.①范… ②王… Ⅲ.①流星雨-少儿读物 Ⅳ.①P185.82-49

中国版本图书馆CIP数据核字（2013）第196679号

本书由黑龙江省精品工程专项资金资助出版

神奇的飞船——一起去看流星雨

策 划 编 辑	甄淼淼
责 任 编 辑	范业婷　张鸿岩
装 帧 设 计	刘长友
出 版 发 行	哈尔滨工业大学出版社
地　　　址	哈尔滨市南岗区复华四道街10号
邮　　　编	150006
网　　　址	http://hitpress.hit.edu.cn
传　　　真	0451-86414749
印　　　刷	哈尔滨市工大节能印刷厂
开　　　本	889mm×1194mm　1/24
印　　　张	9.75
字　　　数	175千字
版　　　次	2014年6月第1版
印　　　次	2014年6月第1次印刷
书　　　号	ISBN 978-7-5603-4217-7
印　　　数	1～2000册
定　　　价	88.00元（共十册）

内容简介

　　美丽而短暂的流星、流星雨是大家喜闻乐见的天文现象，但是大家知道这背后有哪些神秘而有趣的天文知识吗？跟随神奇飞船的成员们出发，一起旅行，来增长见识、发现奥秘、激发自己的探索精神和求知欲望吧。

　　本书语言通俗、内容有趣，非常适合学龄前小朋友与家长亲子共读，亦适合7~12岁小朋友自主阅读。

目录 CONTENTS

一望无际、浩瀚如海的夜空下，几个帐篷孤零零地立在一片草地上。一簇篝火，映红了围坐在一起的人们的脸。

这几个人正是贝贝，多多，Q博士和夸克船长。神奇飞船静静地停泊在一边，像一只沉睡中的大鸟。

大家专注地盯着天空，不知在等待着什么。

原来今天是观察流星雨的日子。神奇飞船的成员们正在等待一睹流星雨的风采呢。

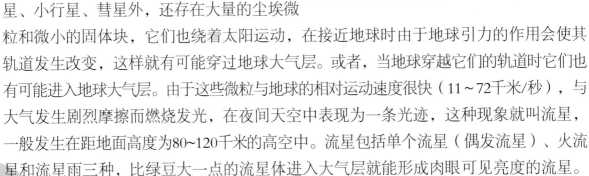

Q博士讲流星

趁着流星没来之前，先让Q博士为大家补充点关于流星的天文知识吧。

太阳系内除了太阳、八大行星及其卫星、小行星、彗星外，还存在大量的尘埃微粒和微小的固体块，它们也绕着太阳运动，在接近地球时由于地球引力的作用会使其轨道发生改变，这样就有可能穿过地球大气层。或者，当地球穿越它们的轨道时它们也有可能进入地球大气层。由于这些微粒与地球的相对运动速度很快（11~72千米/秒），与大气发生剧烈摩擦而燃烧发光，在夜间天空中表现为一条光迹，这种现象就叫流星，一般发生在距地面高度为80~120千米的高空中。流星包括单个流星（偶发流星）、火流星和流星雨三种，比绿豆大一点的流星体进入大气层就能形成肉眼可见亮度的流星。

流星体的质量一般很小，它们与大气的相对运动速度与流星体进入地球的方向有关，如果与地球迎面相遇，速度可超过70千米/秒，如果是流星体赶上地球或地球赶上流星体而进入地球大气层，相对速度为10余千米/秒。但即使10千米/秒的速度也已是子弹出枪膛速度的10倍，足以与大气分子、原子碰撞、摩擦而燃烧发光，形成流星。大部分流星体在进入大气层后都气化殆尽，只有少数大而结构坚实的流星体才能因燃烧未尽而有剩余固体物质降落到地球表面，这就是陨星。一些流星燃烧后以尘埃的形式飘浮在大气中并最终落到地面上，称为微陨星。特别小的流星体因与大气分子碰撞产生的热量迅速辐射掉，不足以使之气化，据观测资料估算，每年降落到地球上的流星体，包括汽化物质和微陨星，总质量约有20万吨之巨！这是否会使地球不断变"胖"呢？

贝贝猜想

地球质量约为6×10^{21}吨。由于流星体下落使地球"体重"在50亿年时间内增加约3.3×10^{17}吨，或者说使地球质量增加了两万分之一，相当于体重200斤的大胖子增加0.1两。可见其实在是微不足道！

数量众多，沿同一轨道绕太阳运行的大群流星体，称为流星群。其中石质的叫陨石；铁质的叫陨铁。

大家都知道："流星本身就像地球一样，是不发光的。它们也并不能像月亮一样，反射太阳光。而是通过和空气摩擦燃烧来发光。"

陨铁石

流星来自哪里？

宇宙中那些千变万化的小碎块其实是由彗星产生出来的。当彗星接近太阳时，太阳辐射的热量和强大的引力会使彗星一点一点地瓦解，并在自己的轨道上留下许多气体和尘埃颗粒，这些被遗弃的物质就成了许多小碎块。如果彗星与地球轨道有交点，那么这些小碎块也会被遗留在地球轨道上，当地球运行到这个区域的时候，就会产生流星雨。

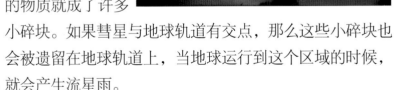
先到达的是土灰
后到达的是泥土本身

这时候天边闪过一颗很大很亮的流星，大家似乎都能听到它正在燃烧发出的声音。贝贝和多多兴奋得跳了起来："快看，好大好亮的流星"。

Q博士淡定地说道："那是颗火流星，不用大惊小怪！"

火流星

　　火流星看上去非常明亮，像条闪闪发光的巨大火龙，发着"沙沙"的响声，有时还有爆炸声。有的火流星甚至在白天也能看到。火流星的出现是因为流星体质量较大（质量大于几百克），进入地球大气后来不及在高空燃尽而继续闯入稠密的低层大气，以极高的速度和地球大气剧烈摩擦，产生出耀眼的光芒，并且通常会在空中走出"S"形路径。火流星消失后，在它穿过的路径上，会留下云雾状的长带，称为"流星余迹"；有些余迹消失得很快，有些则可存在几秒到几分钟，甚至长达几十分钟。

　　这时候，夸克船长看看手表，说："应该快要到流星雨的时间了。"

　　多多遗憾地嘟囔："这次我们应该把望远镜带来。"

最亮的就是火流星

"你错啦，看流星雨可不需要望远镜呀。"

观测流星雨需要有宽敞的视野，如果使用了望远镜，视场会大大减小，观测到的流星的数量会大大减少，而且也只能看到流星在镜头中一亮。所以，观测流星雨时最好不要使用望远镜，只需我们的双眼和晴朗黑暗的天空。

贝贝猜想

流星雨的观测方法有以下几种：目视观测、照相观测、分光观测、光电观测、电视观测、雷达观测及空间观测等。业余爱好者多用目视观测和照相观测。

根据长期观测事实表明，天空流星的出现有一定的规律：

在同一天中，流星出现的概率以黎明前为最大，傍晚时为最小，即下半夜的流星比上半夜多。

在同一年中，下半年的流星数比上半年多，秋季的流星比春季多。

尽管每天落向地球的流星数目由于观测手段不一，会有不同的结果，但大体上能反映出一定规律。

流星雨

流星雨是许多流星从天空中一个所谓的辐射点发射出来的天文现象。这些流星是宇宙中被称为流星体的碎片，在平行的轨道上运行时以极高速度投射进入地球大气层的结果。大部分流星体都比沙砾还要小，因此几乎所有的流星体都会在大气层内被销毁，不会击中地球的表面。数量特别庞大或表现不寻常的流星雨被称为"流星突出"或"流星暴"，每小时内出现的流星可能会超过1 000颗。

流星雨的命名

流星群往往是由彗星分裂的碎片产生的，因此，流星群的轨道常常与彗星的轨道相关。成群的流星就形成了流星雨。流星雨看起来像是流星从夜空中

的一点迸发并坠落下来。这一点或这一小块区域叫作流星雨的辐射点。通常以流星雨辐射点所在区域的星座给流星雨命名，以区别来自不同方向的流星雨。例如每年11月17日前后出现的流星雨辐射点在狮子座方向，就被命名为狮子座流星雨。猎户座流星雨、宝瓶座流星雨、英仙座流星雨也是这样命名的。

流星雨的历史记载

在欧洲，直到1803年以后，人们才认识到陨石是流星体坠落到地面的残留部分。

在中国，现在保存的最古年代的陨铁是四川隆川陨铁，大约是在明代陨落的，清康熙五十五年（公元1716年）掘出，重58.5千克。现在保存在成都地质学院。

等啊等啊，除了刚才看到的几颗单独的流星，好半天了，天空中仍然没任何动静。多多这时候已经快撑不住了，打起了瞌睡。

"为什么还是没有任何动静呢？"夸克船长也很纳闷。

大家渐渐等得不耐烦了，问Q博士："博士，这到底是怎么回事呀？是不是不下流星雨了？"

博士淡定地说："不是不下了，是你们对流星雨的认识有错误。"

观测流星雨并不是想像的那样看到流星如同下雨一般，许多人对流星雨产生了错误认识，其实如果观测一些流星数量比较小的流星雨，或者是观测流星雨的条件不佳（天空不够黑暗），几小时才看到一颗流星也是很平常的事。有些流星雨是流星数量较大的著名流星雨，如果在观测的当天有着晴朗的天空，观测这些流星雨一般是不会令人们失望的，但无论多大的流星雨，一般布言在1分钟内平均只能看见几颗，某些可能达到几十颗（如2001年的狮子座流星雨），而像下雨一样多的流星雨是极少的。

"很多人都看到过流星，甚至流星雨。可是，你们见过陨星吗？"Q博士问道。

"我在科学馆中看到过，好像没有什么奇特的地方。"多多回答。

流星与陨星

一些流星体体积较大，在大气层中来不及全部烧为灰烬，落到地面成为陨星。陨星因成分含量的不同而分为陨石（石质为主），陨铁（铁质为主）。地球上有许多陨石坑，它们是陨石撞击的产物。然而由于地球上的风化作用，绝大多数早已被破坏得无法辨认了，现在尚能确认的还有150多个。其中最著名的要数坐落在美国亚利桑那州北部荒漠中的一个大陨

形态各异的陨石

石坑。它直径有1 245米，深达172米，在那里人们已搜集到好几吨陨铁碎片。据推算，这是约2万年前一块重10多万吨的铁质陨星坠落所造成的坑洞。

研究陨石对人类探索太阳系、地球内部结构组成及地球上生命的起源和演化等，都有重要的参考价值。

"快看，流星雨来了。"

这时，好几颗流星相继划过长空。

"这是什么星座的流星雨？"

狮子座流星雨

狮子座流星雨一般在每年的11月14至21日出现。一般来说，流星的数目大约为每小时10～15颗，但平均每33～34年狮子座流星雨会出现一次高峰期，流星数目可超过每小时数千颗。

双子座流星雨

双子座流星雨一般在每年的12月13至14日出现，最高时流星数量可以达到每小时120颗，且流星数量极大的持续时间比较长。双子座流星雨源自小行星1983 TB，该小行星由IRAS卫星在1983年发现，科学家判断其可能是"燃尽"的彗星遗骸。

英仙座流星雨

英仙座流星雨每年固定在7月17日到8月24日这段时间出现，它不但数量多，而且几乎从来没有在夏季星空中缺席过，是最适合非专业流星观测者观测的流星雨，位列全年三大周期性流星雨之首。彗星斯维夫特−塔特尔是英仙座流星雨之母，1992年该彗星通过近日点前后，英仙座流星雨大放异彩，流星数目达到每小时400颗以上。

猎户座流星雨

猎户座流星雨有两种：一种在每年的10月20日左右出现；另一种则发生于10月15日到10月30日，极大日在10月21日。我们常说的猎户座流星雨是后者，它是由著名的哈雷彗星造成的。哈雷彗星每76年就会回到太阳系的核心区，哈雷

彗星轨道与地球轨道有两个相交点，形成了著名的猎户座流星雨和宝瓶座流星雨。

金牛座流星雨

金牛座流星雨大多在每年的10月25日至11月25日出现，一般11月8日是其极大日，恩克彗星轨道上的碎片形成了该流星雨，极大日时平均每小时可观测到五颗流星曳空而过，虽然其流量不大，但由于其周期稳定，所以也是广大天文爱好者热衷的观测对象之一。

天龙座流星雨

天龙座流星雨一般在每年的10月6日至10日出现，极大日是10月8日，该流星雨是全年三大周期性流星雨之一，最高时流星数量可以达到每小时400颗。贾可比尼-津纳彗星是天龙座流星雨产生的原因。

这时候多多突然想起了什么，问

道："有一种流星，也是一闪而过，不过却拖着长长的尾巴。它们是什么流星？"

"那可不是流星，是彗星。"Q博士回答。

它是谁？

Q博士课堂

彗星，俗称"扫把星"，是太阳系中小天体的一种。由冰冻物质和尘埃组成。当它靠近太阳时可见。太阳的热使彗星物质蒸发，在冰核周围形成朦胧的彗发和一条稀薄物质流构成的彗尾。由于太阳风的压力，彗尾总是指向背离太阳的方向。

"原来是彗星！"多多恍然大悟。

揭秘彗星

除了离太阳很远时以外，彗星的长长的明亮稀疏的彗尾，在过去给人们这样的印象，即认为彗星很靠近地球，甚至就在我们的大气范围之内。但是从地球上不同地点观察时，彗星并没有显出方位不同，说明它们离地球很远。

彗星大部分时间运行在离太阳很远的地方，在那里它们是看不见的。只有当它们接近太阳时才能见到。大约有40颗彗星公转周期相当短（小于100年）。

历史上第一个被观测到相继出现的同一天体是哈雷彗星，牛顿的朋友和捐助人哈雷（1656~1742年）在1705年认识到它是周期性的。它的周期是76年。历史记录表明自从公元前240年以来，它每次通过太阳时都被观测到了，最近一次是在1986年通过的。离太阳很远时彗星的亮度很低。当彗星进入离太阳一定距离以内时，它的亮度开始迅速增长。发生这种变化是因为组成彗星的固体物质（彗核）突然变热到足以蒸发并以叫作彗发的气体云包围彗核，太阳的紫外光引起这种气体发光。彗发的直径通常约为10^5千米，但彗尾常常很长，达10^8千米甚至更长。

公元1066年，诺曼人入侵英国前夕，正逢哈雷彗星回归。当时，人们怀着复杂的心情，注视着夜空中这颗拖着长尾巴的古怪天体，认为是上帝给予的一种战争警告和预示。后来，诺曼人征服了英国，诺曼统帅的妻子把当时哈雷彗星回归的景象绣在一块挂毯上以示纪念。

中国民间把彗星贬称为"扫帚星""灾星"。像这种把彗星的出现和人间的战争、饥荒、洪水、瘟疫等灾难联系在一起的事情，在中外历史上有很多。

"除了最著名的哈雷彗星，还有哪些为人熟知的彗星呢？"多多提问道。

恩克彗星

　　恩克彗星是亮度较微弱、出现次数最多的一颗彗星。最早发现它是在1786年1月17日，直到1818年11月26日再次发现后，法国天文学家恩克用6个星期的时间计算出这颗彗星的轨道，确定其周期为3.3年，并且预言1822年5月24日再回到近日点，果然它准时回来了，成为第二颗按预言回归的彗星，人们称之为"恩克彗星"。

　　恩克彗星不大，最亮时只相当于5等星，多数时间无彗尾，只是一团模模糊糊的云絮。从发现到现在回归了57次，是"回娘家"最勤的一颗彗星。这颗彗星的轨道越来越小，每回归一次，周期要缩短3个小时，有人估计，总有一天它会跌入太阳或自行碎裂。

　　继哈雷之后，德国天文学家恩克在1818年又预言了另一颗彗星的回归。这颗彗星的发现也有一段曲折的故事。

　　1786年1月17日，法国天文学家梅尚，在巴黎用小望远镜发现了在宝瓶座附近有一颗不大的彗星，没有彗尾。可是后来，天公不作美，这颗彗星一直躲在厚厚的阴云中没有露面。

　　1795年11月7日，天王星的发现者、英国天文学家威廉·赫歇尔的妹妹卡罗琳·赫歇尔在伦敦西边的一个小镇上，用望远镜在天蝎座附近发现了一颗看不见尾巴的彗星。德国天文爱好者奥伯斯于11月21日也看到了这颗彗星，只是太暗，无法从它的位置推算出确切的轨道。1805年10月19日，法国的苏利斯在马赛发现了一颗勉强用肉眼可以看见的彗星。次日凌晨，德国的法兰克福也发现了这颗彗星。

　　1818年11月26日，法国马赛天文台一位看门的老人庞斯凭着多年观天认星的经验和敏锐过人的目力，看到了一颗小彗星（他从1801年到1827年共观测过37颗彗星），并向天文台做了报告。

　　1819年1月，德国天文学家恩克开始跟踪观测这颗彗星。他运用他的老师高斯十年前提出的一种根据三次完整的观测来确定天体轨道的巧妙方法，推算出这颗彗星的轨道是一个不太扁长的椭圆，彗星在这个轨道上的运行周期只有3年零106天。这颗彗星和梅尚于1786年、卡罗琳·赫歇尔于1795年以及苏利斯等人于1805年所观测到的彗星是同一颗。并察觉自1786年以来，这颗彗星曾7次漏网。恩克预报这颗彗星下一次过近日点的日期为1822年5月24日。1822年这颗彗星像一列准点的火车于恩克预报的这一天经过轨道近日点。恩克成功了，于是，这颗彗星被命名为恩克彗星。

池谷·张彗星

这是一颗由两位分别来自日本和中国的业余天文爱好者先后发现的彗星。

2002年2月1日傍晚，来自中国河南省开封市的天文爱好者张大庆以一台20厘米的反射望远镜，在鲸鱼座附近发现了一颗肉眼不可见的新彗星，并通过中国科学院国家天文台的朱进博士向国际天文联会天文电报中央局申报。来自日本静冈县的天文爱好者池谷薰因为时差的缘故比他早1个多小时发现该彗星，他是以一台25厘米的反射望远镜观测到的。根据国际天文联会的命名规则，由于二人皆为独立观测，且发现的时间相差不超过24小时，因此他们皆被视为发现者，该彗星便以他们二人的姓氏命名；另外，巴西萨尔瓦多省的天文爱好者保罗·雷蒙多也独立发现此彗星，但因为已超过24小时，因此不获认可。

该彗星于2002年3月18日过近日点，后经观测计算得出该彗星公转周期为366.51年。据古代中国天文记载，在1661年2月上旬的夜空，曾出现一颗异常壮观的彗星，有学者认为是池谷·张彗星的上一次回归，后得到证实。

@博士课堂

　　20厘米反射望远镜，是指口径20厘米的反射式望远镜。反射望远镜是使用曲面和平面的面镜组合来反射光线，并形成影像的光学望远镜。

东方渐渐泛起了鱼肚白，一夜过去了。神奇飞船的成员们期待的壮观的流星雨并没有出现，只有几颗零星的流星划过。不过，大家并不感到遗憾，因为这一夜，大家了解了很多很多关于流星的知识。

"下一次有机会，一定要看一次真正的流星雨！"

神奇的飞船

——月亮之上

◎ 范子倩　王佳易 编著

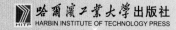

哈尔滨工业大学出版社
HITP　HARBIN INSTITUTE OF TECHNOLOGY PRESS

图书在版编目（CIP）数据

月亮之上／范子倩，王佳易编著. -- 哈尔滨：哈尔滨工业大学出版社，2014.6

（神奇的飞船）

ISBN 978-7-5603-4217-7

Ⅰ.①月… Ⅱ.①范… ②王… Ⅲ.①月球-少儿读物 Ⅳ.①P184-49

中国版本图书馆CIP数据核字（2013）第198237号

本书由黑龙江省精品工程专项资金资助出版

神奇的飞船——月亮之上

策 划 编 辑	甄淼淼
责 任 编 辑	范业婷　张鸿岩
装 帧 设 计	刘长友
出 版 发 行	哈尔滨工业大学出版社
地 　 　 址	哈尔滨市南岗区复华四道街10号
邮 　 　 编	150006
网 　 　 址	http://hitpress.hit.edu.cn
传 　 　 真	0451-86414749
印 　 　 刷	哈尔滨市工大节能印刷厂
开 　 　 本	889mm×1194mm　1/24
印 　 　 张	9.75
字 　 　 数	175千字
版 　 　 次	2014年6月第1版
印 　 　 次	2014年6月第1次印刷
书 　 　 号	ISBN 978-7-5603-4217-7
印 　 　 数	1～2000册
定 　 　 价	88.00元（共十册）

内容简介

　　赏月是从古至今人们最喜欢的活动之一。但是，我们看到的只是月亮的表面，并不能真正地了解月亮。本文将带你详细了解月球，在增长见识的同时，激发强烈的学习欲望和孜孜不倦的探索精神，从小树立远大的人生目标。

　　本书内容有趣、语言通俗，既适合学龄前儿童与家长亲子共读，又适合7~12岁儿童自我阅读。

目录 CONTENTS

多多走进房间，看到窗户边支着一架超大的望远镜，Q博士正趴在上面，看得津津有味呢。

多多仰头一望，只见一轮皎洁的满月正静静地躺在群星的环抱里，洒下阵阵清辉，仿佛一位娇羞的少女，愈发显得夜的安详。

"真美！"大家都陶醉了似的。

Q博士抬起头来，笑着对大家说："今天就让你们好好了解一下这位天空中的'美少女'——月亮。"

Q博士课堂

月球是被我们研究得最多的天体，也是人类第二个亲身到过的天体。月球直径约3 474.8千米，大约是地球的1/4、太阳的1/400，月球到地球的距离相当于地球到太阳的距离的1/400，所以从地球上看去月亮和太阳差不多大小。月球的体积大概是地球的1/49，质量约为地球质量的1/81，月球表面的重力约为地球重力的1/6。

月球的正面和背面

月球是一个球体，所以永远都只有一面朝向我们，这一面习惯上被我们称为正面，另外一面称为背面。月球的背面绝大部分不能从地球上看到，所以在没有探测器的年代，月球的背面一直是个未知的世界。当人造探测器运行至月球背面时，它将无法与地球直接通信。

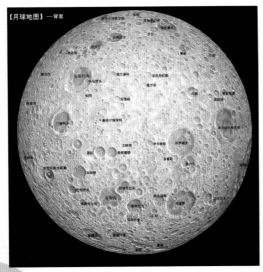

月球的背面地图

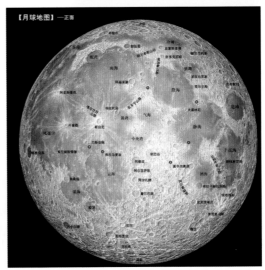

月球的正面地图

月球会发光么？

月球本身并不发光，只反射太阳光。月球亮度随日、月间距离和地、月间距离的改变而变化。月球不是一个良好的反光体，它的平均反照率只有7%，其余93%均被月球吸收。月球上高地和环形山的反照率更高，所以看上去山地比较明亮。月球的亮度不断变化，满月时的亮度比上下弦时要大十多倍。

太阳，借点光亮给我吧！

月球上是冷还是热？

由于月球上没有大气层，再加上月面物质比热容和热导率又很低，因而月球表面昼夜的温差很大。白天，在阳光垂直照射的地方温度高达127 ℃；夜晚，温度可降低至零下183 ℃。用射电望远镜观测可以测定月面土壤中的温度，通过测量得知，月面土壤中较深处的温度很少变化，这正是由于月面物质热导率低造成的。

Q博士课堂

什么是大气层？

大气层是指在地球，以及别的星球周围聚集的一层很厚的气体分子。地球大气层十分重要。像鱼类生活在水中一样，人类生活一刻也离不开大气层。大气层为地球生命的繁衍及人类的发展，提供了理想的环境。它的状态和变化，时时处处影响到人类的活动与生存。

大气层均匀地包裹着整个地球，使整个地球好像处在一个温室之中。白天，大气层让这些阳光顺利地通过，到达地球表面，使地表增温。晚上，没有了太阳光，大气层阻止地球表面向外辐射热量，故地表热量不会丧失太多，地表温度也不会降得太低。这样，大气层就起到了调节地球表面温度的作用。这种作用就是大气的保温作用。

地球外的大气层

"博士，刚刚明明还是圆圆的满月，怎么现在好像少了一角似的？"贝贝透过望远镜发现有点不对劲。

多多也很疑惑："是啊，为什么我们抬起头，有时候看到的月亮细细如刀钩，有时候是不饱满的圆，有时候又像是被咬了一口的苹果，每次呈现的形状都不一样呢？"

月亮的圆缺

　　月亮的圆缺变化是由太阳光照射方向改变导致的。太阳是照亮月球的光源，任何时候都会有半个月球被太阳照亮，但是照亮的这半边并非总是正对地球，有时候月球被太阳照亮的一半是背向地球的，此时是新月；有时候，月球被太阳从侧面照亮，亮面侧对着我们，所以我们能看见亮面的一半；有时候，月球被太阳照亮的一面正对着我们，此时就是满月。

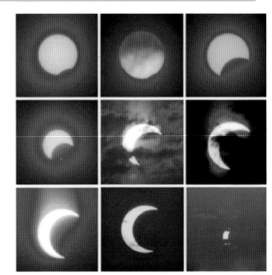

贝贝猜想

　　大家可以做这样一个实验。在黑暗的房间里拿一个不透明的球和手电筒，让手电筒依次从背面、侧面、正面轮流照射不透明的球，就能体会出月亮圆缺变化的真相所在。

奇特的月食

　　听完月亮阴晴圆缺的知识，多多一下子想起什么："博士，记得小时候，有一天晚上月亮一下子完全消失了，大人们说，这是'天狗吃月亮'，现在看来，其实是太阳照射向月亮的光完全被挡住了吧？"

"哎呀，多多越来越聪明了哦！"
Q博士夸奖道。然后，Q博士开始为大
家介绍很多关于月食的知识。

月食是一种特殊的天文现象，指当
月球运行至一定位置时，太阳光被地球
所遮挡，而产生的月球缺了一块的视觉
现象。

地球在背着太阳的方向会出现一条阴影，称为地影。地影分为本影和半影两部
分。本影是指没有受到太阳光直射的地方，而半影则是只受到部分太阳光直射的地方。
月球在环绕地球运行过程中有时会进入地影，这就产生月食现象。当月球整个都进入本
影时，就会发生月全食；但如果只是一部分进入本影，则只会发生月偏食。在月全食
时，月球并不是完全看不见的，这是由
于太阳光在通过地球的稀薄大气层时受
到折射进入本影，投射到月面上，令月
面呈红铜色。有时月球并不会进入本影
而只进入半影，这称为半影月食。在半
影月食发生期间，月亮将略为转暗，但
它的边缘并不会被地球的影子所遮挡。

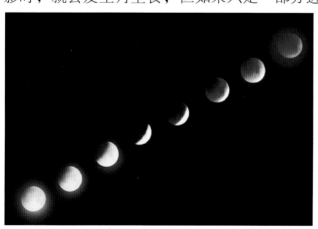

古时候，人们不了解月食，甚至对此感到恐惧，其中就有这样一则故事。

16世纪初，哥伦布航海到了南美洲的牙买加，与当地的土著人发生了冲突。哥伦布和他的水手们被困在一处地方，没有食物和淡水，情况十分危急。略懂天文知识的哥伦布知道这天晚上要发生月全食，就向土著人大喊："再不拿食物来，就不给你们月光！"到了晚上，哥伦布的话应验了，月光没有了。土著人害怕了，赶紧为哥伦布一行人提供食物并放他们离开。

关于月食的传说还有很多，比如中国古代流传下来的"天狗食日"，有兴趣的小朋友可以找来阅读哦。

地月作用——潮汐

月球绕着地球转，地球绕着太阳转，月球和太阳的特殊引力吸引着地球上的水，形成潮汐。潮汐为地球早期水生生物走向陆地帮了很大的忙。

@博士课堂

什么是潮汐？

凡是到过海边的人，都会看到海水有一种周期性的涨落现象：到了一定时间，海水推波助澜，迅猛上涨，达到高潮；过后一些时间，上涨的海水又自行退去，留下一片沙滩，出现低潮。如此循环往复，永不停息。海水的这种运动现象就是潮汐。

月球引力和太阳引力的合力是引起海水涨落的引潮力。因月球距地球比太阳近，月球与太阳引潮力之比为11：5，对海洋而言，月亮潮比太阳潮显著。

钱塘江大潮

Q博士课堂

　　在我国，有闻名中外的钱塘江暴涨潮和深入内陆六百多公里的长江潮。暴涨潮主要是由于潮流沿着入海河流的河道溯流而上形成的。当潮流涌来时，潮端陡立，水花四溅，像一道高速推进的直立水墙，形成"滔天浊浪排空来，翻江倒海山为摧"的壮观景象。

　　窗外传来轰隆隆的声音。大家扭头一看，神奇飞船正停在外面的草地上呢，排气孔喷射着蓝盈盈的火焰，整装待发。

　　"快上来！"叼着烟斗的夸克船长在飞船里喊。

　　"我就知道这堂课结束后，夸克船长会带我们上月球看看。"多多高兴极了，三步并作两步登上了神奇飞船。

　　和以前进行的宇宙之旅相比，地月之间的距离简直太近了。仿佛一眨眼的功夫，美丽的月球已经近在眼前。

月球地形

　　月球表面有阴暗和明亮的区域，亮区是高地，暗区是平原或盆地等低陷地带，分别被称为月陆和月海。早期的天文学家在观察月球时，以为发暗的地区都有海水覆盖，因此把它们称为"海"。著名

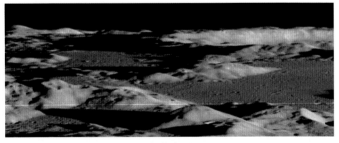

月球地形

的月海有云海、湿海、静海等。明亮的部分是山脉，那里层峦叠嶂，山脉纵横，别有一番风光。

月球背面的结构和正面差异较大。月海所占面积较少，环形山则较多。

环形山这个名字是伽利略起的。是月面的显著特征，几乎布满了整个月面。最大的环形山是月球南极附近的贝利环形山，直径为295千米。月球上，直径1千米以上的环形山大约有33 000个，占月面表面积的 7%~10%。

月球上的环形山

@博士课堂

环形山的形成有两种说法："撞击说"与"火山说"。

"撞击说"是指月球因被其他行星撞击而形成现在所看到的环形山。"火山说"是指月球上有许多火山，火山爆发形成了环形山。

目前，科学家们更偏向"撞击说"。

月球上被撞击形成的环形山

月海

地球上人类肉眼所见月面上的阴暗部分实际上是月面上的广阔平原或盆地，也就是月海。

已确定的月海有22个，它们绝大多数分布在月球正面。背面有3个，4个在边缘地区。其中最大的"风暴洋"月海面积约五百万平方公里。大多数月海呈圆形或椭圆形，且四周多被一些山脉封闭住，但也有一些月海是连成一片的。月海的地势一般较低，类似地球上的盆地，月海比月球平均水准面低1~2千米，个别月海如雨海的东南部甚至比周围低6千米，因而看起来显得较黑。

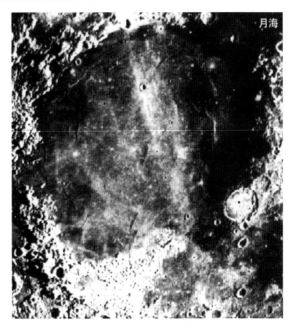

月海

月陆和山脉

月面上高出月海的地区称为月陆，一般比月海水准面高2~3千米，由于它反照率高，因而看来比较明亮。在月球正面，月陆的面积大致与月海相等，但在月球背面，月陆的面积要比月海大得多。月陆比月海古老得多,是月球上最古老的地形特征。

在月球上,除了犬牙交错的众多环形山外,也存在着一些与地球上相似的山脉。月球上的山脉常借用地球上的山脉名命名,如阿尔卑斯山脉、高加索山脉等,其中最长的山脉为亚平宁山脉,绵延1 000多千米,但高度不过比月海水准面高三四千米。

@博士课堂

　　1994年,美国的克莱门汀月球探测器曾得出月球最高点为8 000米的结论,根据"嫦娥一号"获得的数据测算,月球上最高峰高达9 840米。月面上6 000米以上的山峰有6个,5 000~6 000米的山峰有20多个,3 000~6 000米的山峰则有80多个,1 000米以上的山峰有200多个。月球上的山脉有一个普遍的特征:两边的坡度很不对称,向月海的一边坡度特别大,有时为断崖状,另一侧则相当平缓。

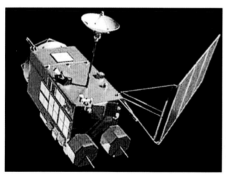

克莱门汀月球探测器

月谷

　　地球上有着许多著名的裂谷,如东非大裂谷。月面上也有这种构造——那些看起来弯弯曲曲的黑色大裂缝即是月谷,它们有的绵延几百甚至上千千米,宽度从几千米到几十千米不等。那些较宽的月谷大多

从卫星图上观测到的阿尔卑斯大月谷

出现在月陆上较平坦的地区，而那些较窄、较小的月谷（有时又称为月溪）则到处都有。最著名的月谷是在柏拉图环形山的东南，连接雨海和冷海的阿尔卑斯大月谷，它把月球上的阿尔卑斯山拦腰截断，很是壮观。从太空拍得的照片估计，它长达130千米，宽10~12千米。

月球上的火山

月球表面的火山痕迹

与地球火山相比，月球火山可谓老态龙钟。大部分月球火山的年龄在30~40亿年之间；最年轻的月球火山也有1亿年的历史。而地球火山属于青年时期，一般年龄皆小于10万年。地球上最古老的岩层只有3.9亿年的历史，年龄最大的海底玄武岩仅有200万岁。年轻的地球火山仍然十分活跃，而月球却没有任何新近的火山和地质活动迹象，因此，天文学家称月球是"熄灭了"的星球。

月球的地心引力仅为地球的1/6，这意味着月球火山熔岩的流动阻力较地球更小，熔岩行进更为流畅。这就可以解释为什么月球阴暗区的表面大都平坦而光滑。同时，流畅的熔岩流很容易扩散开，因而形成巨大的玄武岩平原。此外，地心引力小，使得喷发出的火山灰碎片能够落得更远。因此，月球火山的喷发，只形成了宽阔平坦的熔岩平原，而非类似地球形态的火山锥。这也是月球上没有发现大型火山的原因之一。 月球上没有水，月球阴暗区是完全干涸的。而水在地球熔岩中是最常见的，是激起地球火山强烈喷发的重要因素之一。因此，科学家认为，缺乏水分也对月球火山活动产生巨大影响。具体地说，没有水，月球火山的喷发就不会那么强烈，熔岩或许仅仅是平静流畅地涌到月面上。

月球上的资源

神奇飞船降落在月球表面，Q博士一下飞船便开始挖掘月球上的土。他招呼贝贝和多多："快点来帮我，我要带点月球土壤回去研究一下。"

月壳由多种主要元素组成，包括铀、钍、钾、氧、硅、镁、铁、钛、钙、铝及氢。

月球上有丰富的矿藏，稀有金属的储藏量比地球还多。月球的矿产资源极为丰富，地球上最常见的17种元素在月球上随处可见。以铁为例，仅月面表层5厘米厚的沙土就含有上亿吨铁，而整个月球表面平均有10米厚的沙土。月球表层的铁不仅异常丰富，而且便于开采和冶炼。此外，科学家已研究出利用月球土壤和岩石制造水泥和玻璃的办法。在月球表层，铝的含量也十分丰富。

月球土壤中还含有丰富的氦3，利用氘和氦3进行的氦聚变可作为核电站的能源，这种聚变不产生中子，安全无污染，是容易控制的核聚变，不仅可用于地面核电站，而且特别适合用于宇宙航行。据悉，月球土壤中氦3的含量估计为715 000吨。从月球土壤中每提取1吨氦3，可得到6 300

吨氢、70吨氮和1 600吨碳。从目前的分析看，由于月球的氦3蕴藏量大，对于未来能源比较紧缺的地球来说，无疑是雪中送炭。许多航天大国已将获取氦3作为开发月球的重要目标之一。

月球表面分布着22个主要的月海，除东海、莫斯科海和智海位于月球的背面（背向地球的一面）外，其他19个月海都分布在月球的正面（面向地球的一面）。在这些月

海中存在着大量的月海玄武岩，22个海中所填充的玄武岩体积约1 010立方千米，而月海玄武岩中蕴藏着丰富的钛、铁等资源。克里普岩是月球高地三大岩石类型之一，因富含钾、稀土元素和磷而得名。同时，克里普岩中所蕴藏的丰富的钍、轴也是未来人类开发利用月球资源的重要矿产资源之一。此外，月球还蕴藏丰富的铬、镍、钠、镁、硅、铜等金属矿产资源。

宇航员登月

1969年7月16日，载有阿姆斯特朗、科林斯、奥尔德林3名宇航员的美国"阿波罗"11号载人飞船，第一次把人类送上月球。7月21日格林尼治时间2时56分，阿姆斯特朗将左脚踏到月球上，成为第一个踏上月球的人。他说："这对一个人来说，只不过是小小的一步，可是对人类来讲，却是巨大的一步。"

大家都知道，地球是行星，月亮是地球的卫星。可是太阳系的其他行星也有卫星吗？都有哪些卫星呢？

首次登上月球的三位宇航员

人类在月球上留下的第一个脚印

伽利略卫星

　　伽利略卫星是木星的四个大型卫星，由伽利略于1610年1月7日首度发现。木星的四颗卫星，即木卫一、木卫二、木卫三、木卫四，它们的轨道呈圆形，其轨道平面几乎都和木星的赤道面重合，自转周期和绕木星转动的周期相同，是太阳系内四个较大的卫星。这些卫星的发现对于日心体系的确立起了历史性的作用。17世纪70年代，丹麦天文学家罗默正是通过伽利略卫星被木星掩食的现

木星与伽利略卫星

象第一次测出了光的传播速度。17世纪以来，对伽利略卫星的研究取得了许多成果。

卡戎卫星

左为冥王星，右为它的卫星卡戎

　　卡戎是冥王星的卫星，距冥王星19 640千米，它于1978年被美国天文学家詹姆斯·克里斯蒂发现，它的发现使人类进一步了解了冥王星。

　　卡戎本身并不很大，质量约为月球的1/45。但以卫星与其行星的大小之比而

论，它却是太阳系里最大的卫星。冥王星的质量大约只是卡戎的10倍左右，而地球的质量却是月球的81倍，木星比它最大的卫星大上千倍。

卡戎绕冥王星公转的周期，恰好等于卡戎自身的自转周期和冥王星的自转周期，也就是说它们始终保持同一面朝向对方。卡戎绕太阳公转的周

期与冥王星同样是248个地球年。它与太阳的距离也与冥王星基本相同，平均约59亿千米。此外，卡戎自身的引力大到足以使它呈球形，而冥王星和卡戎的共同重心并不位于冥王星内部。这些特征使一些天文学家认为，冥王星与卡戎更像是一个双星系统，彼此是平等的伴星关系，而不是行星与卫星的关系。

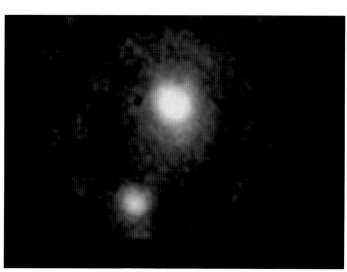

@博士课堂

"新地平线"探测器在2006年1月发射升空，预计将最早于2015年年中到达冥王星。它要观测冥王星，然后还将探测冥王星的卫星——卡戎，然后继续前往进入冥王星外的柯伊伯带，并丢弃在茫茫太空之中。

"新地平线"探测器

其实茫茫宇宙中的卫星简直数不胜数，神奇飞船也无法一一拜访它们。希望通过这次简单的卫星之旅，能让小朋友们对卫星有所了解。

神奇的飞船

——飞船上的旅行

◎ 范子倩　王佳易 编著

哈尔滨工业大学出版社

HITP HARBIN INSTITUTE OF TECHNOLOGY PRESS

图书在版编目（CIP）数据

飞船上的旅行／范子倩，王佳易编著. -- 哈尔滨：哈尔滨工业大学出版社，2014.6

（神奇的飞船）

ISBN 978-7-5603-4217-7

Ⅰ.①飞… Ⅱ.①范… ②王… Ⅲ.①航天-少儿读物 Ⅳ.①V4-49

中国版本图书馆CIP数据核字（2013）第198232号

本书由黑龙江省精品工程专项资金资助出版

神奇的飞船——飞船上的旅行

策 划 编 辑	甄森森
责 任 编 辑	范业婷　张鸿岩
装 帧 设 计	刘长友
出 版 发 行	哈尔滨工业大学出版社
地　　　址	哈尔滨市南岗区复华四道街10号
邮　　　编	150006
网　　　址	http://hitpress.hit.edu.cn
传　　　真	0451-86414749
印　　　刷	哈尔滨市工大节能印刷厂
开　　　本	889mm×1194mm　1/24
印　　　张	9.75
字　　　数	175千字
版　　　次	2014年6月第1版
印　　　次	2014年6月第1次印刷
书　　　号	ISBN 978-7-5603-4217-7
印　　　数	1～2000册
定　　　价	88.00元（共十册）

内容简介

　　谁都梦想过自己能够遨游于漫天繁星中，看看地球之外的世界。可是，太空旅行并不简单哦！本书将带领小朋友们见识一下那些神奇的空间飞行器，由此激发他们的学习兴趣，培养他们为梦想奋斗的人生态度。

　　本书内容有趣、语言通俗，既适合学龄前儿童与家长亲子共读，又适合7～12岁儿童自我阅读。

目录 CONTENTS

漫天繁星的夜晚，我们遥望天空，是否想到那浩瀚的宇宙中一探究竟？

多多最近对星星产生了浓厚的兴趣。他向夸克船长提了好几次建议，将神奇飞船开到茫茫宇宙中去看一看。

夸克船长答应等他对空间旅行有一定的认识之后，就开始一系列神奇的宇宙之旅！

你瞧，多多开始缠着Q博士，给他补习空间旅行的知识呢。

"多多，你知道我们通过什么进行空间旅行吗？"

"这问题太简单了，当然是宇宙飞船啊！我们的神奇飞船就是宇宙飞船。"

"错！宇宙飞船只是空间飞行器的一种。"

Q博士课堂

在地球大气层以外的宇宙空间中运行的各类飞行器，统称为空间飞行器。空间飞行器又叫航天器，是执行航天任务的主体，是航天系统的主要组成部分。

空间飞行器

空间飞行器即航天器，分为无人航天器和载人航天器两种。无人航天器又分为人造地球卫星和空间探测器。因此，通常将空间飞行器分为人造地球卫星、空间探测器和载人航天器。

人造地球卫星

人造地球卫星简称人造卫星，是数量最多的航天器，约占目前航天器总数的90％以上。它按用途分为科学卫星、应用卫星和技术试验卫星。科学卫星用于科学探索和研究；应用卫星是直接为国民经济和军事服务的人造卫星，包括通信卫星、气象卫星、侦察卫星、导航卫星、测地卫星、地球资源卫星和多用途卫星等；技术试验卫星是用于卫星工程技术和空间应用技术的试验性人造卫星。

空间探测器

空间探测器又称深空探测器，按探测目标分为月球探测器、行星探测器和行星际探测器。月球探测器用于探测月球，行星探测器用于探测金星、火星、水星、木星、土星等行星，行星际探测器用于探测行星际空间。美国1972年3月发射的"先驱者十号"空间探测器，是第一个飞出太阳系的航天器。

载人航天器

载人航天器按飞行和工作方式分为载人

飞船、航天站和航天飞机。

"我们的神奇号宇宙飞船属于空间飞行器中的载人航天器。"Q博士进一步说明道。

"原来空间飞行器有这么多奥妙啊。"多多真是没想到。

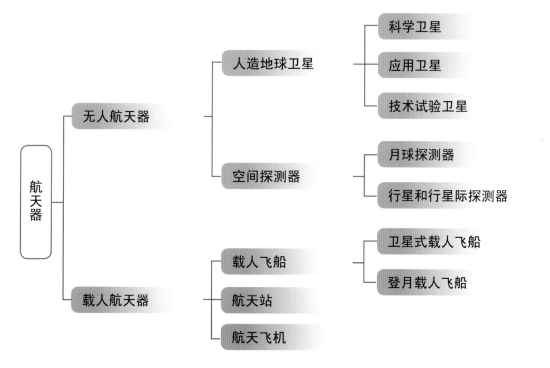

"那么，航天器为什么能飞上天呢？"多多突发奇想地问道。

航天器的运动方式主要有两种：环绕地球运行和飞离地球在行星际空间航行。航天器克服地球引力在空间运行，必须获得足够大的初始速度。环绕地球运行的航天器，

3

如人造地球卫星、卫星式载人飞船和航天站等要在预定高度的轨道上运行，必须达到这一高度的环绕速度。在地球表面的环绕速度是7.9千米/秒，称为第一宇宙速度。高度越高，所需的环绕速度越小。航天器在空间某预定点脱离地球进入行星际飞行必须达到的最小速度叫作脱离速度，又叫逃逸速度。预定点高度不同，脱离速度也不同。在地球表面的脱离速度称为第二宇宙速度。从地球表面发射飞出太阳系的航天器所需的速度称为第三宇宙速度。

　　Q博士建议带大家到神奇飞船上转一转，让每个人都充分了解将要带大家深入太空的好伙伴。

Q博士课堂

　　神奇飞船和各类航天器的组成系统差不多是一样的。一般包括：结构系统、热控制系统、电源系统、姿态控制系统、轨道控制系统、返回着陆系统、生命保障系统、应急救生系统和计算机系统等。

　　每个系统都有相应的作用，齐心协力保障航天器的正常运行。

结构系统

　　结构系统用于支撑和固定航天器上的各种仪器、设备，使它们构成一个整体，以承受地面运输、运载器发射和空间运行时的各种力学和空间环境。结构形式主要有整体结构、密封舱结构、公用舱结构、载荷舱结构和展开结构等。航天器的结构系统大多采用铝、镁、钛

航天器的隔热设备

等轻合金和增强纤维复合材料。

热控制系统 ○—————————————————

热控制系统又称温度控制系统，用来保障各种仪器设备在复杂的环境中处于允许的温度范围内。航天器热控制的措施主要有表面处理（抛光、镀金或喷刷涂料），包覆多层隔热材料，使用热控百叶窗、热管和电加热器等。

电源系统 ○—————————————

电源系统用来为航天器所有仪器设备提供所需的电能。人造地球卫星大多采用蓄电池电源和太阳电池阵电源系统，空间探测器采用太阳电池阵电源系统或空间核电源，载人航天器大多采用氢氧燃料电池或太阳电池阵电源系统。

航天器电池

姿态控制系统 ○—————————————————

姿态控制系统用来保持或改变航天器的运行姿态。航天器一般都需要姿态控制，例如使侦察卫星的可见光照相机镜头对准地面，使通信卫星的天线指向地球上某一区域等。

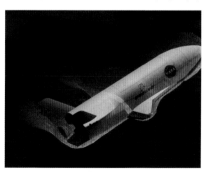

轨道控制系统 ○—————————————

轨道控制系统用来保持或改变航天器的运行轨道。航天器轨道控制由轨道机动发动机提供动力，由程序控制装置控制或地面航天测控站遥控。

轨道控制往往与姿态控制配合，构成航天器的控制系统。

返回着陆系统

返回着陆系统用于保障返回型航天器安全、准确地返回地面。它一般由制动火箭、降落伞、着陆装置、标位装置和控制装置等组成。在月球或其他行星上着陆的航天器配有着陆系统，其功用和组成与返回型航天器着陆系统类似。

地面航天测控站

生命保障系统

我国"神舟八号"飞船降落示意图

载人航天器生命保障系统用于维持航天员正常生活所必需的条件，一般包括温度和湿度调节、供水供氧、空气净化、成分检测、废物排除和封存、食品保管和制作、水的再生等设备。

应急救生系统

载人航天器的应急救生系统是当航天员在任一飞行阶段发生意外时，用以保证航天员安全返回地面的应急系统。它一般包括救生塔、弹射座椅、分离座舱等救生设备。它们都有独立的控制、生命保障、防热和返回着陆等系统。

宇航员在飞船上的生活照

计算机系统 ○——————

计算机系统用于存储各种程序、进行信息处理和协调管理航天器各系统工作。例如，对地面遥控指令进行存储、译码和分配，对遥测数据作预处理和数据压缩，对航天器姿态和轨道测量参数进行坐标转换、轨道参数计算和数字滤波等。

@博士课堂

航天器由运载器发射送入宇宙空间，长期处在真空、强辐射、失重的环境中，有的还要返回地球或在其他天体上着陆，面临各种复杂环境，航天器工作环境比航空器恶劣得多，也比火箭和导弹工作环境复杂。发射航天器需要比航天器自身重几十倍到上百倍的运载器，航天器进入运行轨道后，需要正常工作几个月、几年甚至十几年。因此，重量轻、体积小、高可靠、长寿命和承受复杂环境条件的能力是航天器材料、器件和设备的基本要求，也是航天器设计的基本原则之一。对于载人航天器，可靠性要求更为突出。

现在大家对神奇飞船的各个系统都有了一定的认识，开始期待神奇飞船的宇宙旅行。

这时夸克船长又对贝贝和多多提出了一个新的要求，每天高强度锻炼身体。"想上天可不是那么简单的。神奇飞船行，不知道你们行不行啊。"

Q博士望着贝贝和多多微微笑道："一名合格的宇航员必须要具备相当好的素质。要成为宇航员，必须有强健的体魄、良好的教育水平以及分析和解决问题的能力。明天

开始基础训练！"

贝贝和多多既期待又紧张，不知道等待他们的将是怎样的训练。

小贴士：

早期的宇航员都是从空军飞行员中挑选出来的。随着航天器的逐步改进，对宇航员身体素质的要求有所降低。

宇航员可分为驾驶员、任务专家和载荷专家。驾驶员的任务是驾驶飞船，而任务专家和载荷专家则负责一连串的科学研究和试验。

宇航员的基本要求：具有一定的科学、医药、工程学等领域的知识；必须具备航天器操作经验，尤其是担任试飞员的经验；善于帮助他人。

宇航员要进行一系列的基础训练。基础训练的目的是：使宇航员掌握操控载人航天器所必需的科学知识和技能；进一步提高其身体和心理素质。在离心机和绝音室内进行长期训练，是宇航员最常见的训练科目。

飞船进入宇宙空间后，远离人群，长期的枯燥、寂寞生活对人的心理、生理都有一定的影响。为了让宇航员能够适应这种特殊的生活，隔离室训练便应运而生。隔离室几乎不受任何声响刺激，如同与外界隔绝一样。

贝贝猜想

飞船的空间非常有限，所以上面的生活条件一定非常艰苦吧？没有厨房，天天吃泡面吗？还有，怎么上厕所？舱不舱洗澡啊？

飞船上需要有人生活，当然会有一定的生活设施。不过，在飞船上生活可不像在地球上生活那么简单，都需要经过严格的训练。

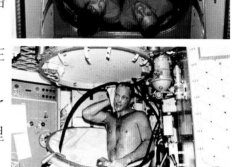

首先，飞船上也可以洗澡！尽管飞船内空间不大，但仍然可以解决宇航员的洗澡问题——因为飞船内有一个单独的用来洗澡的袋子。

由于处于失重状态，宇航员在飞船内睡觉也跟在地球上不一样。地面上有重力，而太空中没有重力，宇航员一躺下就飘起来了。对此，飞船内单独准备了睡袋，挂在墙壁上，睡觉的时候要进到这个睡袋里面，挂在那儿……

宇航员的食物也很丰富，有多种选择，并没有大家想象的那样难以下咽。不过，太空食品并非一般

的蔬菜水果，而是特别加工过的"压缩砖"或"牙膏管"，兑上一定比例的水后，能够恢复原形，味道不错，包含了所有人体需要的营养成分。由于在失重的条件下，食物无法像在地面上一样老实待在盘子里，所以专家门把太空食品设计成了牙膏式的，吃的时候像挤牙膏一样往嘴巴里挤。这些食品的营

养价值也比较高，蔬菜、蛋白、脂肪丰富，专门有相应的机构负责研究太空食品。早餐、午餐、晚餐，每天吃什么，如何搭配，都设计得非常科学。

除了吃和住之外，穿也是太空生活的一项艰巨任务，因为航天服可不像我们的羽绒服、体恤衫那么简单。

航天服由服装、头盔、手套和航天靴等组成。其中结构最复杂的服装由14层组成：最里层是液冷通风服的衬里；衬里外是液冷通风服；液冷通风服外是两层加压气密层；然后是限制层，用来限制加压气密层向外膨胀；限制层的外面是防热防微陨尘服，由8层组成，起防热和防微陨尘作用；最外一层是外套。航天服结构复杂，一般15分钟左右才能穿戴完毕。

要想顺利完成太空旅行，以上吃穿等各个方面，都必须进行严格的训练哦！

今天是多多和贝贝进行"宇航员式魔鬼训练"的第一天。Q博士把他们带到了一个不大的房间里。这个房间四面封闭，除了靠墙一台控制仪外，地中央的一张转椅格外引人注目。

Q博士介绍说："这张转椅不但可以做180°顺时针和逆时针的快速运转，而且可以同时上下前后摆动。转椅主要是用于检查宇航候选者的前庭神经功能，以了解他对震动及眩晕的耐受能力。"

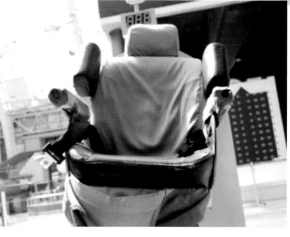

多多先坐了上去。椅子慢慢旋转了起

来，越转越快，一分钟之内转动了达24圈之多！多多咬着牙坚持了一分钟，走下来时感觉头晕目眩，眼冒金星。

Q博士夸奖道："看来多多的身体素质还是很好的！不错，迈出了向宇航员前进的第一步！"

从转椅室出来进入的是电动秋千室，在高达数十米钢架的护卫下，一台貌似汽车的厢式秋千被四条钢臂凌空提起。贝贝坐上这巨大的秋千，电动秋千荡起时，前后甩出十几米，吓得贝贝出了一身冷汗。

从电动秋千室出来，又来到了"冲击塔室"，这里有一座约4层楼高的绿色铁塔。它的作用是模拟飞船返回地球的冲击环境，从而加强人的抗冲击耐力，研究各种方式的

防护措施。

　　贝贝和多多这次手拉手走了上去。他们都紧张得手心冒汗。

　　这里有一种巨大的旋转装置——人体离心机，既可以上下伸缩，也可以左右转动。顶上有一条长达16米的旋转手臂，它用结实的钢架紧紧托住了位于手臂前方的一只椭圆形不锈钢封闭吊舱，这只吊舱也可以呈一定的角度转动，因此可以建立同方向作用于宇航员的超重条件。当整个离心机运行起来时，有些像游乐场中的"飞碟"，无论是"房子""手臂"还是吊舱，都在不停地剧烈转动、摇摆，但其转动的速度和摇摆角度则是"飞碟"无论如何都无法比拟的。

　　当他们走下来的时候，贝贝和多多异口同声地对Q博士说："这可比玩游乐场的

'飞碟'难受多了！"

接下来Q博士带他们来到了一座淡绿的T形船舱面前。

"这个叫作低压舱，是为了让你们能适应太空生活而设置的模拟舱，看看你们忍受狭小和孤寂的能力有多强。"

Q博士让贝贝和多多穿上特制的航天服，然后把他们推进舱中，关上了舱门。

他们走进去，发现狭小的船舱分为工作舱、休息舱和卫生舱3部分。这时Q博士在外面喊："下面我要抽走舱内的空气，你们开始进入'太空'啦！"

狭小的舱内既没有电视也没有音响，就连做一些摇摆幅度较大的健身活动也很受限制，没有电话，不准通信，完全与世隔绝。

贝贝和多多忍耐了三天。想走进太空的梦激励着他们坚持了下米。

走出来的时候，Q博士对他们赞不绝口："恭喜你们突破了前四关。下面只剩最后一关了。"

天象仪室是宇航员模拟训练中的最后一个关卡。宇航员升空执行任务之前必须在这里熟悉星空图，找出自己将要走过的路线，一旦载人飞船的自动导航系统出现故障，宇航员将不得不使用手动装置，那时就只能依靠自己返回地球了。

Q博士关上了灯。这时，一个极为绚丽的太空世界———太阳系的璀璨、银河系的广袤无不清晰地展现在眼前。

"好美！"贝贝和多多看得入神了。

Q博士让贝贝、多多跨入模拟飞船。恍惚中，"飞船"开始绕地球飞行，贝贝和多多要在这里识别未来行走所要经过的路线，记清引导飞船入轨的一个个路标———那一颗颗看似相同但却有着千差万别的小星星。他们仔细地分辨，经过一次次的训练和纠正，终于完成了Q博士的任务！

"明天你们就可以正式上船，开始神奇飞船的星空之旅了！"Q博士满意地对他们说。

"太棒了！"这么多的努力终于没有白费，贝贝和多多开心地跳了起来。

"不过，如今我们能够如此开心地进行航天之旅，都是因为有无数前辈之前进行的勇敢探索，我们应当铭记这些伟大的历史。"

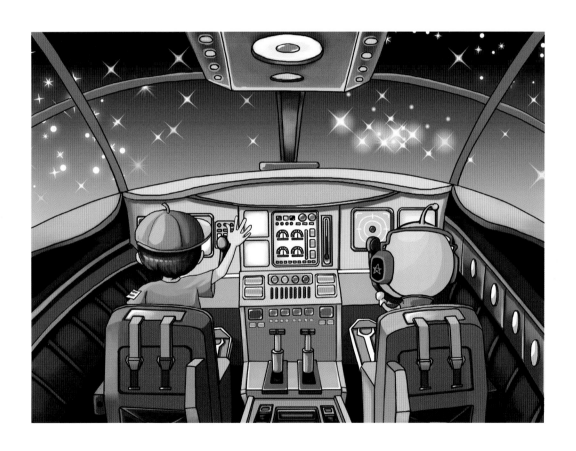

奇妙的飞船

Q博士课堂

世界上第一个航天器是苏联1957年10月4日发射的"人造地球卫星一号"，第一个载人航天器是苏联航天员加加林乘坐的"东方"号飞船，第一个把人送到月球上的航天器是美国"阿波罗11号"飞船，第一个兼有运载火箭、航天器和飞机特征的航天飞机是美国"哥伦比亚号"航天飞机。

了解更多

自从1957年第一颗人造卫星上天以来，苏联、美国、法国、日本、中国、英国、印度等国家以及欧洲空间局先后研制出近百种运载火箭，修建了十多个大型航天器发射场,设计、制造和发射了几千颗人造地球卫星、数百个载人航天器及空间探测器,建立了完善的跟踪和测量控制系统、地面模拟试验设施、数据处理系统。

第一位航天员

早在20世纪40年代末，人们就把一些生物装入探空火箭进行试验。20世纪50年代后期，出现了携带动物的人造卫星，对生命保障系统、回收技术、遥测、遥控、通信技术等进行

第一颗人造卫星

第一位航天员加加林

了全面试验。科学家们对获得的空间环境数据加以处理后肯定了人进入太空的可行性。苏联在发射了5艘不载人的卫星式飞船后,于1961年4月12日用"东方号"运载火箭成功地发射了世界上第一艘载人飞船"东方一号"(见"东方号"飞船),使加加林成为世界上第一位进入太空的航天员。

登 月

人类踏上月球是载人航天活动的新高峰。经过几十万人8年多的工作,1969年 7月20日由美国航天员阿姆斯特朗和奥尔德林驾驶的"阿波罗11号"飞船的登月舱降落在月球赤道附近的静海区。这是一次震动全球的壮举,也是世界航天史上具有重大历史意义的成就。此后,"阿波罗12、14、15、16、17号"相继登月成功,对月球进行了广泛的考察。"阿波罗"工程集中体现了现代科学技术的水平,推动了航天技术的迅速发展。

Q博士课堂

2004年,中国正式开展月球探测工程,并命名为"嫦娥工程"。嫦娥工程分为"无人月球探测""载人登月"和"建立月球基地"三个阶段。2007年10月24日18时05分,"嫦娥一号"成功发射升空,在圆满完成各项使命后,于2009年按预定计划受控撞月。2010年10月1日18时57分59秒"嫦娥二号"顺利发射,也已圆满并超额完成各项既定任务。2013年12月15日清晨4时35分,"玉兔号"月球车顺利从"嫦娥三号"探测器怀中"滑脱",走上月面执行勘测任务。

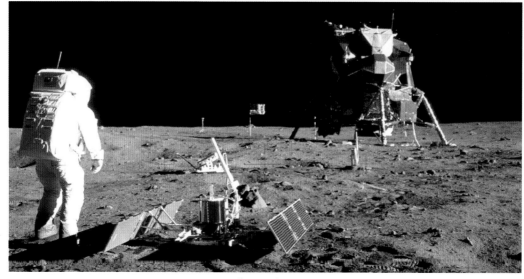

第一次登月

飞船空间对接

　　1975年苏、美两国的载人飞船在地球轨道上交会和对接并进行联合飞行，这是载人航天活动的一个重要事件。1975年7月15日,苏联发射"联盟19号"飞船。飞船在第4和第17圈作了两次机动变轨，最后进入225千米高的圆形轨道。在"联盟"号飞船起飞后7小时30分,美国发射"阿波罗18号"飞船进入与"联盟号"飞船相同的轨道。两艘飞船的发射和入轨都很成功。在"阿波

第一次飞船空间对接

罗"号飞船飞行到第29圈、"联盟"号飞船飞行到第36圈时,两船开始对接并联合飞行2天。两国航天员在联合飞行过程中进行了互访，共同表演科学试验,联合答记者问,完成了合作计划。

　　贝贝和多多整装待发。他们望着崭新的神奇飞船，期待着明天的到来。明天，就是一个飞向太空的新开始!